유리창 충돌

Wild Bird Window Collision

NIE Eco Guide 06

야생조류 유리창 충돌

발행일	2023년 12월 18일 초판 1쇄 발행
지은이	진세림
발행인	조도순
감수자	국립생태원(김영준, 이수길, 김윤전)
책임 편집	유연봉 ǀ **편집** 최유준
본문 구성·진행	디자인집(김정선, 진유정)
디자인	디자인집(김혜령) ǀ **그림** 서지연
사진	국립생태원(김영준, 고병록, 진세림, 김윤전, 전소진), KBS 김승욱, 조성식
발행처	국립생태원 출판부
신고번호	제458-2015-000002호(2015년 7월 17일)
주소	충남 서천군 마서면 금강로 1210 / www.nie.re.kr
문의	041-950-5999 / press@nie.re.kr
ISBN	979-11-6698-366-5 94400
	979-11-86197-51-6(세트)

NIE Eco Guide 06

Wild Bird Window Collision

야생조류
유리창 충돌

진세림 지음

국립생태원
NIE PRESS

NIE Eco Guide 06

야생조류 유리창 충돌

Contents

인간과 새는 오래전부터 생태계에서 직·간접적으로 영향을 끼치며 살아왔습니다. 우리 조상들은 새를 보고 그림을 그리거나 글을 짓고 노래를 만들었으며, 야생조류 관찰 활동인 탐조는 그 자체로 취미가 되어 전 세계 탐조인들에게 즐거움을 주고 있습니다. 이밖에도 새들은 생태계 지표종이자 조절자, 매개자로서 다양한 역할을 수행하며 인간의 일상에도 큰 영향을 줍니다.

그런데 최근 야생조류의 상당수가 사라지는 현상이 일어나고, 그 주요 원인으로 투명 유리창 충돌이 지목되고 있습니다. 실제 우리나라에서는 이 문제로만 연간 800만 마리의 야생조류가 폐사하니, 하루 2만 마리의 새들이 찰나의 순간 전혀 예측하지 못한 장애물에 부딪혀 죽는 것이지요. 이러한 무방비 상태의 죽음은 멸종위기종 조류에게도 예외가 아닙니다.

에코가이드 『야생조류 유리창 충돌』은 이 문제의 심각성을 널리 알리고, 생물다양성과 생태계 건강성을 지키고자 제작되었습니다. 먼저 새와 유리의 특성을 보여줌으로써 충돌의 불가피성을 설명하고, 얼마나 많은 새가 우리 주변에 존재하는 유리창으로부터 피해를 입고 있으며, 인간과 새가 공존하려면 어떠한 노력이 필요한지를 고민해 보았습니다.

야생조류의 개체수가 줄어드는 데는 여러 요인이 있습니다. 그러나 건강하게 날 수 있었던 새들이 인간의 편의에 의해 세워진 유리창 때문에 죽거나 다치는 가슴 아픈 사고는 더 이상 방치되면 안 될 것입니다.

특별히 이 책이 나오기까지 애쓰고 수고한 국립생태원 연구자 및 국내외 전문가, 그리고 사명감 하나로 헌신하는 많은 조류 충돌 방지 활동가들에게 감사의 말씀과 응원을 전합니다.

국립생태원 조 도 순

1장
조류의 특성

새는 항상 우리 가까이에 있었기에, 어쩌면 그들의 비행 능력, 생존 방식, 다양한 형태의 깃털과 각기 다른 소리 등을 놀랍게 여기기보다는 아주 당연하게 생각해 왔다. 하지만 새의 다양한 형태와 특징은 오랜 시간 진화를 거친 신비로운 특성이다.

진화의 시작점인 시조새의 학명 'Archaeopteryx lithographica'은 '암석에 기록된 고대의 날개'라는 뜻을 갖는다. 시조새는 공룡 골격의 특성과 조류의 깃털을 동시에 가지고 있다. 이는 공룡과 새의 연결 고리로, 조류로 분화된 이들은 수백만 년 동안 어떤 새들은 땅에서 살고, 어떤 새들은 강과 바닷속을 자유롭게 누볐다. 이런 진화 과정에서 새들은 깃털, 뼈, 부리, 눈, 날개 등 다양한 기관들이 각자 삶의 방식에 적합한 특성을 갖추게 되었다.

부리

눈

깃털

뼈

멧비둘기

깃털	비행을 가능하게 하고, 보온재와 위장재 등 다양한 기능을 한다.
눈	눈의 위치는 종마다 다르며, 이에 따라 시야가 결정된다.
부리	뼈의 수를 줄이고 새를 가볍게 해주는 조류의 특이한 골격 중 하나다.
뼈	조류의 뼈 중 함기골은 공기를 포함하고 있어 포유류 뼈에 비해 가볍다.

멧비둘기 꽁지깃

멧비둘기 날개

조류의 가장 대표적 특징인 깃털은 그들을 아름답게 꾸며준다. 특히 번식기에는 깃털의 다양한 색채와 무늬가 아름다운 디자인이 되어 시각적인 매력을 갖게 한다. 짝을 찾거나 번식의 희열을 느낄 때는 깃털을 펼치고 춤을 추는 등 특별한 행동으로 상대를 유혹하기도 한다. 물론 깃털을 단순히 아름다움을 위해서만 활용하진 않는다. 깃털색은 위장 도구로도 활용되는데, 갈대숲 속에 머리를 쳐들고 있는 알락해오라기나, 나무 굴에 앉아 밖을 내다보는 소쩍새, 나뭇등걸이나 바위 위에 앉아있는 쏙독새는 알아보기 어려울 정도다. 이는 포식자를 피하는 방법이자 먹이동물을 속이는 방법이다.

깃털은 비행에 필요한 핵심 요소 중 하나다. 새들은 가벼운 뼈와 날개를 움직이는 가슴 근육을 이용하여 공중으로 올라갈 수 있다. 이때 깃털은 공기를 효과적으로 휘감아 날개의 움직임을 도와주고, 그 결과 날갯짓을 통해 공중에서 비행이 가능하다. 또한 깃털은 보온재로서의 역할도 톡톡히 한다. 조류는 겨울철이나 찬 바람이 불 때 깃털을 활용해 몸을 따뜻하게 유지한다.

이외에 야행성 맹금류의 대표인 올빼미류나 부엉이류는 깃털에 미세 구조가 발달해 비행 중에도 소리가 나지 않는다. 그러니 조용하게 천천히 날아서 먹잇감에 접근해도 눈치채지 못하는 경우가 많다. 특히 올빼미들은 날갯짓을 해도 바람을 가르는 소리가 나지 않는다. 이는 몸무게에 비해 큰 날개를 가지고 있어 날갯짓을 많이 하지 않아도 멀리까지 활공할 수 있고, 깃털 구조가 소음기 역할을 하기 때문이다. 날개깃의 앞쪽 가장자리에 있는 빗 모양의 톱니 구조는 소음을 만드는 와류를 줄인다. 이 흐름은 벨벳 같은 질감을 가진 깃털 위를 지나 날개 뒤쪽 가장자리의 부드러운 '술'을 거쳐 소리가 줄어들게 된다.

멧비둘기 눈

다양한 모양의 새 부리

알락꼬리마도요ⓒ김윤전　　　회색앵무　　　저어새ⓒ전소진

조류의 눈은 머리 부위에서 가장 큰 구조로 뇌보다 더 무겁다. 특히 맹금류의 눈은 몸무게가 약 열 배 정도 차이 나는 사람의 눈과 크기가 비슷하다. 또한 조류의 눈에는 포유류에게 없는 고유 구조물인 '빗살돌기(pecten)'가 있는데, 이 구조물은 망막에 영양을 공급하는 역할을 담당한다. 조류의 망막에는 시각 관련 수용체가 굉장히 많은데, 그 수가 사람의 두 배에서 열 배에 이른다. 빠르게 움직이고 비행하는 새에게 시력은 매우 중요한 감각이기 때문이다.

조류는 종마다 눈의 위치가 다르며, 이 위치가 새의 시야를 결정짓는다. 눈이 측면에 있는 새는 시야가 넓어 포식자를 감지하는 데 유리한 반면, 올빼미나 매와 같은 맹금류는 머리 정면에 눈이 있어 사냥 대상까지 거리를 측정하기 쉽다.

조류의 특이한 골격 구조 중 하나인 부리는 뼈의 수를 줄이고 새를 가볍게 해주는 데에 큰 역할을 한다. 포유류의 여러 턱뼈와 많은 이빨 대신 조류는 부리 하나로 단일화했기 때문이다.

부리는 각기 다른 목적의 다양한 형태와 크기를 갖고 있다. 먹이를 잡고 찢거나 씹는 역할을 하는 부리는 조류의 먹이와 밀접한 연관성이 있다. 예를 들어 육식 조류인 맹금류의 부리는 주로 뾰족하고 날카로운 형태로, 먹이를 찢거나 껍질을 벗기는 데에 효과적이다. 반면 씨앗을 먹는 조류의 부리는 짧고 두꺼운 형태를 가진다. 주로 단단한 외피를 깨고 부숴 내부의 영양분을 섭취할 수 있어야 하기 때문이다. 또 갯벌에서 갯지렁이를 잡아먹는 조류의 뾰족하고 긴 부리는 갯지렁이가 살고 있는 작은 구멍에 들어가 먹이를 물고 잡아챌 수 있게 해준다. 이렇듯 조류는 어디에서, 어떤 먹이를 먹느냐에 따라 다양한 부리 형태를 보인다.

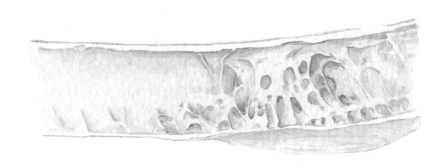

공기를 함유할 수 있는 공간이 많은 새의 뼈

다양한 모양의 뼈

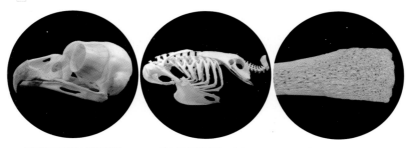

| 조류의 안구 공막소골©김영준 | 독수리의 몸통 골격©김영준 | 멧돼지의 뼈©김영준 |

조류의 뼈는 밀도가 높아 단단한 조직이다. 몸 전체를 구성하고 지탱하는 말 그대로 뼈대인 것이다. 하지만 조류의 뼈는 일반적인 포유류의 뼈와는 조금 다르다. 공기를 포함하는 함기골이라 포유류 뼈에 비해 가볍고, 두개골이나 상완골, 대퇴골 같은 큰 뼈들이 여기에 속한다. 함기골의 수는 종에 따라 다른데, 독수리나 매와 같이 활공하는 새들에게는 많은 반면, 펭귄이나 아비와 같이 잠수하는 새들은 적거나 없다.

공기를 함유한 뼈는 새가 높은 곳으로 날아오르거나 먼 거리를 비행하는 데에 더 효율적이다. 물론 함기골이 가볍다고 해서 강도가 약한 것은 아니다. 이륙, 착륙의 물리적 압박을 견딜 수 있을 만큼 그 밀도가 치밀하여 탄탄하다. 특히 새의 두개골은 얇고 가벼우며 뼈 사이에 빈 공간이 있어 무게를 줄여준다. 조류는 비어 있는 공간을 추가적인 공기 저장 공간으로 사용할 수 있기 때문에 뼈는 호흡과도 관련이 있다.

조류의 뼈는 포유류와 비교해 수가 훨씬 적다. 정강이뼈와 발목뼈가 하나로, 손목뼈와 손바닥에 있는 손뼈가 하나로, 그리고 척추의 일부가 융합되어 있기 때문이다. '융합된 뼈'를 가진 덕에 무게는 가벼워졌지만 역할은 더 단단하게 소화해낸다. 특히 조류는 두 개인 쇄골이 한 개로 합쳐졌고, 융합된 쇄골은 탄성이 좋아 날갯짓에 충분한 힘을 제공한다.

반면, 포유류와 비교해 크게 발달한 뼈도 있다. 겁이 많은 사람을 비유하는 말로 '새가슴'이라는 단어를 사용하는데, 이 단어는 가슴이 유난히 튀어나온 체형을 가리키는 말이기도 하다. 조류는 가슴뼈(흉골)는 크게 발달하여 비행을 위한 큰 가슴 근육이 부착되어 있다.

2장
조류의 역할

생태계는 특정 공간에서 다양한 생물과 환경이 서로 상호작용하며 자연 공동체를 이룬다. 이곳에서 생물들은 서로 다른 역할을 수행하며 에너지를 순환시키는데, 각 생물들은 서로에게 영향을 미치고 또 생물이 아닌 환경에 의해 영향도 받으며, 이러한 상호작용을 통해 생태계 다양성을 유지한다. 새들도 이러한 생태계 구성원 중 하나로 에너지의 순환과 자연의 균형, 생물다양성 유지에 크게 기여하고 있다.

　　생물다양성은 유전자와 종, 생태계까지 아울러 모든 생명체의 다양성을 뜻한다. 생물다양성은 생태계에서 핵심적인 요소로 다양한 종류의 생명체들이 서로 다른 역할을 수행, 상호작용하며 생태계를 건강하게 만들고 안정시킨다. 생물다양성이 높은 생태계는 환경 변화에 강하고, 재해 등의 사고로부터 높은 회복성을 갖는다.

이동하는 철새

생태계 지표종이 되는 조류

조류의 종 다양성은 생태계에서 생물다양성을 평가하는 주요 지표가 된다. 이는 조류의 특별한 비행 능력 덕분인데, 조류는 다른 생물분류군에 비해 이동이 자유로운데다 그 속도가 매우 즉각적이다. 따라서 주변의 환경 변화에 빠르게 반응하기 때문에, 특정 생태계의 건강성을 판단하는 핵심 지표종 역할을 할 수 있는 것이다.

또 조류는 생태계 내에서 다양한 위치에 있다. 서식지를 비롯해 먹이사슬에서의 위치도 다양한데 이는 각각의 종이 다른 '생태적 지위'를 갖고 있음을 의미한다. '생태적 지위Ecological niche'란 하나의 종이 서식하는 물리적 공간이자, 생물 군집에서 먹이사슬 내에 속하는 위치와 역할이다. 만여 종의 새는 각기 다른 생태적 지위를 갖고, 생태계에서 다양한 방식으로 중요한 역할을 해내고 있다.

씨앗을 먹는 참새(위) / 곤충과 애벌레를 주요 먹이로 삼는 박새©고병록(아래)

생태계 조절자 역할을 하는 조류

조류는 생태계 조절자 역할도 수행한다. 이는 생태계 내에서 다른 생물의 규모를 조절하고 영향을 미친다는 뜻이다. 조류는 작은 곤충에서부터 포유류까지 다양한 먹이를 포식하는데, 이를 통해 생태계 내에서 종의 서식 규모를 조절한다. 예를 들어, 특정 곤충의 수가 눈에 띄게 증가했을 때 조류는 그 곤충을 잡아먹어 개체수를 감소시킴으로써 그 수를 조절하게 되는 것이다. 생태계에서 특정 생물군만 갑자기 증가하는 것은 다른 생물군의 자리가 위협받을 수 있다는 신호이기 때문에, 그 균형을 유지하고 조절하는 역할은 매우 중요하다.

생태계 조절자인 조류가 사라졌을 때 어떤 일이 벌어지는지를 잘 보여 주는 사례가 있다. 마오쩌둥의 대규모 '유해조수 박멸운동'이다. 1955년 농촌에 현지 지도를 나갔던 중국의 국가주석 마오쩌둥은, 날아다니는 참새를 가리키며 "해로운 새"라고 했다. 그리고 며칠 후에는 중국의 농업 발전을 위해 해를 끼치는 4가지 – 모기, 파리, 쥐, 참새를 제거하라는 정책을 펼치기 시작했다. 중국 정부와 농민들은 참새를 잡기 위해 새총을 지니고 다녔고, 새총이 없을 때는 징을 울려서 놀란 새들을 탈진시켰다. 그 결과 1958년 한 해 동안 상해시에서만 약 137만 마리의 참새가 사냥당했고, 중국 전체에서는 약 2억 1천만 마리가 사냥되었을 것으로 추정된다.

마침내 참새 개체수가 급감한 1959년, 농사가 잘될 것이라는 기대와 달리 결과는 참혹했다. 참새의 먹이였던 해충들이 엄청난 규모로 늘어났고, 각종 질병을 옮기는 매개체가 상승함에 따라 대규모 전염병이 퍼져 나갔다. 결국 1959년은 중국 역사에 길이 남을 대흉년의 해가 되었고 공식적으로는 2천만 명, 학계에서는 최대 4천5백~6천만 명의 아사자餓死者가 발생했을 것으로 보고 있다.

생태계 매개자 역할을 하는 조류

그런가 하면 조류는 생태계에서 매개자 역할도 수행한다. 조류는 다양한 종류의 씨앗과 과일을 먹고 소화하며 이동하는데, 이때 왕성한 배변활동을 하게 된다. 살면서 누구나 한 번쯤 새똥을 맞아보았을 것이다. 햇볕이 따뜻해지기 시작하는 초여름, 벚나무 열매를 잔뜩 먹은 새가 싼 보라색 새똥이 차 유리창을 타고 흘렀는데, 그 안에는 벚나무 열매의 씨앗이 들어 있었다. 이처럼

곤충을 잡아먹고 있는 한국동박새ⓒ김윤전(위) /
열매를 먹고 있는 직박구리ⓒ김윤전(중간) / 식물의 수분을 돕는 벌새(아래)

씨앗과 과일은 새라는 이동 수단을 타고 다른 지역으로 확산되고, 이는 식물의 분포와 생물다양성을 증가시키게 된다.

조류는 씨앗과 과일 외에도 꽃가루나 꽃의 꿀을 먹는데, 이러한 식성은 꽃의 수분 전파를 도와주기도 한다. 즉 식물이 열매 맺는 과정과 열매를 심는 과정 모두에 관여하며 식물과의 상호작용에 적극적으로 참여하는 것이다.

생태계에서 매개자 역할을 하던 새가 사라져, 서식지에 커다란 변화를 준 사례가 있다. 모리셔스섬의 도도새 이야기다. 1505년 선원들이 도도새의 서식지에 처음 발을 들여놓게 되었고, 사람과 가축이 유입되기 시작했다. 여러 요인으로 도도새는 빠르게 사라져 갔고, 마침내 1600년대 후반 완전히 자취를 감췄다. 이후 한 과학자가 모리셔스섬에서 도도새뿐 아니라 다른 생물도 자취를 감추고 있음을 파악했는데, 바로 칼바리아 나무였다. 모리셔스섬 내에 칼바리아 나무는 개체수도 적었고, 모두 나이가 들어 오래전 번식이 끊긴 것으로 확인되었는데, 이는 새의 소화기관을 거치지 못해 번식의 어려움을 겪었을 것이라는 추론으로 이어졌다.

즉 모리셔스섬에 살던 도도새가 칼바리아 나무의 열매를 먹고, 소화시킨 뒤 배설함으로써 나무를 번식시켜 주었는데, 도도새의 멸종으로 이 모든 것이 불가능해진 것이다. 사라진 도도새와 칼바리아 나무는 식물과 동물이 유기적으로 연결되어 있음을 보여주는 단적인 예이며, 생물다양성이 얼마나 중요한지를 보여주는 사례이기도 하다.

3장

조류 충돌의 현실

국립생태원 내에 설립된 동물병원에도 유리창이 있다. 아이러니하게도 동물을 살리고자 설립한 이 동물병원의 유리창에 충돌해 죽는 새들이 있었다. 월 평균 2.6마리의 새들이 유리창 충돌로 죽었고, 국립생태원은 이를 방지하기 위해 국내 최초로 맹금류 모양이 아닌 패턴으로 만들어진 충돌 방지 테이프를 부착하였다. 그리고 안내 문구를 적어두었는데, 이를 본 환경부의 제안으로 국내 조류 충돌 실태 파악 조사가 시작되었다.

조류 충돌 실태 파악 조사

국립생태원은 연간 조류 충돌 피해량의 구체적이고 정량적인 추정과 평가를 위해 2017년 11월부터 2018년 10월까지 실태 조사를 진행했다. 건축물 30개

지점, 투명 방음벽 26개 지점을 표본 조사 대상지로 선정하였는데, 당시 국내 건축물 통계에 따르면 건축물은 총 712만 여 동으로 집계되었고, 고속도로를 제외한 일반 도로의 투명 방음벽에 대한 통계자료는 집계되지 않은 상태였다. 이에 자료 공개 청구를 통해 자료를 확보·취합하였고, 투명 방음벽의 총 추정 연장을 1,421km로 잡았다. 그리고 표본 조사 결과를 역추산하는 방식으로 국내 피해 추정량을 도출했다.

그 결과 건물 유리창에서는 한 해에 7,649,030마리, 도로의 투명 방음벽에서는 232,779마리가 피해를 입어, 국내에서는 약 800만 마리의 조류가 유리창 충돌로 피해를 입는다는 것을 확인할 수 있었다. 본 추정값은 연간 건물 1동당 1.07마리가 폐사한다는 의미로, 건물당 폐사율은 낮지만 전국적으로는 높은 피해를 발생하는 양상을 보이고 있다. 전체 피해량을 추정하기 위하여 통계에 등록된 건축물만을 포함하였으나 실제로는 지하철의 출입구, 버스 정류장, 육교의 난간, 자전거 보관소 등 건축물 통계에 포함되지 않는 기타 구조물에도 조류 충돌을 유발하는 투명 유리를 사용하고 있으며, 그 비율도 점차 증가하고 있다. 그러나 현재로서는 기타 구조물에 의한 충돌 피해량을 구체적으로 파악하기는 어렵다. 이 외에 철도, 전철, 지하철, 경전철 등의 구간에 설치된 방음벽 등에서 발생하는 피해도 집계되지 않아 본 추정치에 누락되어 있다. 따라서 실제 조류 충돌 피해량은 800만 마리를 상회할 가능성이 높다고 판단된다.

연간 유리창 충돌 피해 조류 개체수

800만 마리

국내 건물 1동당 연간 폐사 조류 개체수

1.07마리

조류 충돌 실태 조사는 여기에 그치지 않고, 국민들의 참여를 통해 충돌 사례를 파악하고자 2018년 7월 네이처링(플랫폼)에 '야생조류 유리창 충돌 조사' 미션을 개설하여 등록된 충돌기록을 분석하고 있다. 이 기록은 국민들의 관심과 노력으로 이루어져 2018년 7월부터 2023년 7월까지 약 45,000여 폐사 사례를 수집했다. 그러나 이 기록은 발생 현황이 아닌 발견 수치이므로 특정 지역에 기록이 없다고 조류 충돌 피해가 없는 것은 아니며, 기록이 많은 지역이 피해가 더 크다고 보기도 어렵다. 안타까운 충돌로 인한 조류의 죽음은 전국적으로 유리창이 있는 곳이라면 어디에서든 일어날 수 있기 때문이다.

이 기록을 살펴보면 유리창 충돌로 인해 죽은 조류는 매우 다양하다. 현재까지 한국에서 관찰된 것은 197종이며, 동정 불가인 개체들을 제외하고 가장 많이 발견된 종은 멧비둘기, 참새, 직박구리, 물까치, 박새 등이다. 멸종위기종 새매, 솔부엉이, 황조롱이, 소쩍새, 참매 등도 912마리, 천연기념물 새호리기, 수리부엉이, 팔색조, 조롱이, 매 등도 1,721마리가 유리창에 충돌하여 발견되었다.

유리창 충돌로 폐사한
멸종위기종 조류의 수

912마리

유리창 충돌로 폐사한
천연기념물 조류의 수

1,721마리

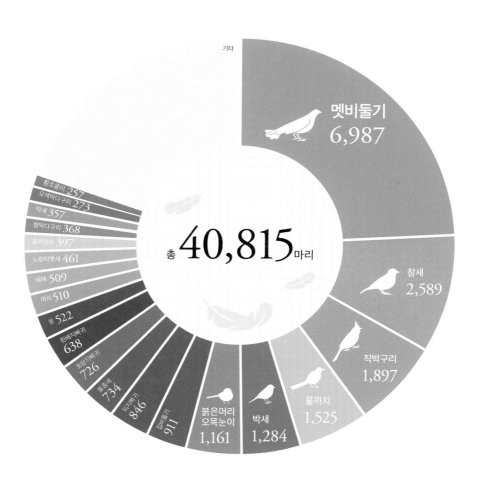

기타

멧비둘기
6,987

총 **40,815**마리

참새
2,589

직박구리
1,897

물까치
1,525

박새
1,284

붉은머리
오목눈이
1,161

집비둘기 911

되지빠귀 846

물총새 734

호랑지빠귀 726

흰배지빠귀 638

꿩 522

까치 510

새매 509

노랑턱멧새 461

솔부엉이 397

청딱다구리 368

딱새 357

오색딱다구리 273

황조롱이 257

■ 멧비둘기	■ 박새	■ 물총새	■ 까치	■ 청딱다구리
■ 참새	■ 붉은머리오목눈이	■ 호랑지빠귀	■ 새매	■ 딱새
■ 직박구리	■ 집비둘기	■ 흰배지빠귀	■ 노랑턱멧새	■ 오색딱다구리
■ 물까치	■ 되지빠귀	■ 꿩	■ 솔부엉이	■ 황조롱이
				기타

 도래 현황별 개체수

텃새 약 74 %

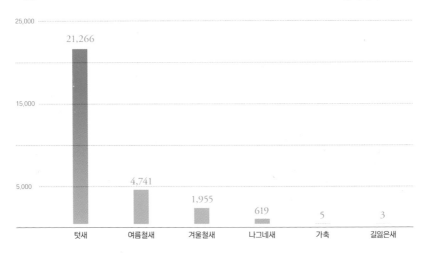

유리창 충돌 피해 조류 연도별 관찰 개체수(~2022)

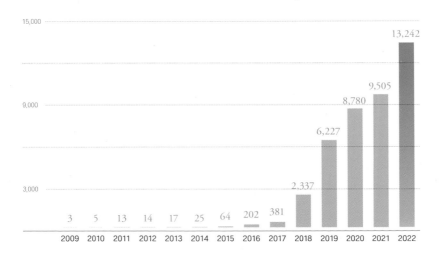

유리창 충돌 피해 조류 월별 관찰 개체수(2022년 기준)

총 **40,815** 마리

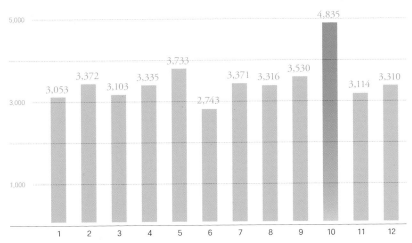

야생조류 유리창 충돌 미션 연도별 신규/누적 기록자 수

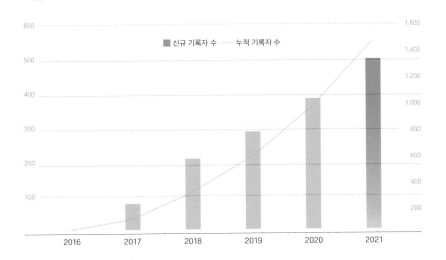

4장
유리의 특성

인류가 유리를 사용하기 시작한 역사는 오래되었다. 가공하지 않은 자연 상태의 흑요석이 무기 등의 도구로 사용된 흔적은 수만 년 전 석기시대까지 거슬러 올라가고, 가공된 유리의 사용은 기원전 3,500년 이집트로 추정된다. 이후 이 기술은 로마 제국과 그리스 지역으로 전해졌는데, 로마 시대에는 유리가 상업적으로 생산되고 널리 이용되었다. 17세기에는 대형 유리를 생산할 수 있는 플로트 유리 제조 방식Float process이 개발되었으며, 이 기술은 발전을 거듭하여 1960년대에는 초대형 유리 생산도 가능해졌다.

우리나라에는 19세기 중반부터 유리창이 도입되기 시작했다. 처음 유리가 사용된 건물은 외국의 대사관과 상업 건물이었지만, 유리창은 건축물 내부를 보호하면서 외부와 시각적으로도 연결이 가능해 점차 보편화되었고, 그 비율이 점점 높아져 현재는 대부분의 건축물에 유리창이 사용되고 있다.

유리의 특성은, 우리가 유리를 사용하는 이유를 생각해 보면 사실 꽤나 단순하다. 유리가 빛을 투과시키거나 반사시킴으로써 발생하는 실용적, 심미적 측면의 특성에 대해 알아보자.

주변의 식생이 마치 거울처럼 비춰지는 건축물의 유리

일반적으로 건물은 콘크리트, 철근, 벽돌, 나무, 흙 등의 불투명 재료로 지어진다. 사용되는 재료 중 거의 유일하게 투명한 물질은 '유리'다. 건축물에 유리를 사용함으로써 외부와 시각적으로 연결되고, 자연광이 유입된다. 이는 열과 빛을 어느 정도 통제할 수 있게 해 에너지 효율을 높이고 온도 조절에도 도움을 준다.

유리의 사용은 이러한 실용적 측면 외에도 디자인적으로 심미적 가치를 증대시킨다. 현대사회에서 건축물은 단순히 의식주의 하나로만 기능하지 않기 때문이다. 16세기 유럽의 많은 성당과 교회에서 천연 광물을 가미하여 유리에 다양한 색상과 패턴을 부여하는 스테인드 글라스를 사용했는데, 이러한 스테인드 글라스 창문은 종교적 분위기와 예술적 아름다움을 결합시켜 많은 사람들의 마음을 사로잡았다.

현대 건축에서 외벽에 유리 사용이 증가하는 까닭 중 심미적 요인은 높은 비중을 차지한다. 건축물 외벽에 유리를 사용했을 때 건축물의 개성을 나타냄과 동시에 빛에 따라 건축물이 달리 보이는 효과도 있어 그 요구가 늘어난다. 낮에는 푸른 하늘을 비추던 건물이, 밤에는 내부의 조명과 함께 도시의 빛을 반사시켜 아름다운 야경을 만들어내기도 하는 것처럼 말이다.

유리의 투명성

새는 대개 앉을 자리나 먹이 또는 물에 접근하려고 하다가 유리에 충돌한다. 빛을 투과시키는 유리의 투명한 성질로 인해, 새들은 유리 반대편에 있는 나무, 먹이, 혹은 물을 향해 빠른 속도로 날아들다가 미처 유리의 존재를 파악하지 못한 채 충돌해버리는 것이다. 이러한 투명성으로 새들을 죽게 만드는 대표적인 구조물은 투명 방음벽이다.

방음벽은 그 크기와 규모가 빠른 속도로 변하고 있다. 해외 논문에서는 $1m^2$ 이상으로 커질 때마다 피해가 급격하게 상승한다는 보고가 있는데, 우리나라도 투명 방음판의 규모가 예전 1m×2m에서 2m×4m로 변하고 있다. 나아가 혁신도시 개발 등의 이유로 도로에 인접하여 방음벽이 설치되고 있

넓고 높고 투명한 아파트 방음벽(충남 공주)

으며, 신도시에선 거의 의무 사항처럼 이러한 투명 방음벽을 사용하고 있다. 우리나라는 국토 대비 인구 밀도가 높아 도로 인접 지점까지 토지개발을 하고, 아파트처럼 높은 거주시설에 살면서 소음진동관리법에 따라 방음벽의 규모가 커지고 있는 것이다.

　　방음벽은 왜 투명해야 할까? 그 이유는 여러 가지가 있다. 본래 방음벽의 역할은 도로에 인접한 인가人家가 있어 도로로부터의 소음을 막는 것이다. 그런데 인가에서 이 방음벽에 대한 요구가 발생한다. 인가에서는 시야 확보와 조망성이 중요하다. 소음으로부터 보호받으면서, 건물에서 바라보는 시야도 트여 있다면 답답함이 해소되는 심리적 요인이 있다. 또 중요한 것은 자연광이다. 방음벽에 인접한 인가에는 방음벽의 투명성 정도가 집으로 들어오

방음벽에 충돌하여 죽은 천연기념물 쇠부엉이ⓒ김영준

는 자연광에 영향을 미치고, 이는 에너지 절약과 주민 생활의 쾌적함에도 직접적인 영향을 줄 것이다. 하지만 자연광은 도로에서 더 중요한 역할을 한다. 겨울에 눈이 오고, 도로가 얼어붙는 것을 생각해 볼 때 불투명한 방음벽으로 그늘이 유지되는 구간이 있다면, 차량 사고가 자주 발생해 매우 위험해질 것이다.

　이런저런 이유로 투명한 방음벽을 만들기 위해 여러가지 재료가 사용되었다. 아크릴, 폴리카보네이트, 플렉시글라스, 유리 등이 사용되고 있는데, 아크릴, 폴리카보네이트, 플렉시글라스와 같은 재료들은 시간이 지남에 따라 긁힘과 온도 변화에 의해 투명성을 잃어간다. 다만 유리는 오염이나 깨짐에 의해서만 투명성을 잃고, 앞의 재료들보다 긴 시간 투명성을 유지한다. 투명 방음벽은 도로에서 사용되기 때문에 돌이나 부품 혹은 화물의 일부가 튀는 경우가 있어 내구성이 중요한데, 보통의 얇은 유리를 쓴다면 방음벽은 쉽게 깨지고 사고로 이어질 것이다. 그래서 최근 투명 방음벽에는 접합유리가 주로 사용된다.

방음벽 뿐만 아니라 투명한 버스 정류장, 지하철 출입구, 다리나 건축물의 투명 유리 난간 역시 새를 죽게 만든다. 이 구조물들의 공통적인 특징은, 유리를 중심으로 양 방향 빛의 밝기가 같다는 것인데, 유리를 중심으로 조도가 다르면 유리는 반사를 일으킨다.

접합유리란?

두 개 이상의 유리판과 접착제를 사용하여 접합한 유리로, 외부 충격이나 기후 조건에 노출되더라도 쉽게 분리되지 않고 강하게 결합해 파손 가능성이 낮다. 두 개의 유리판을 접착할 때 사용하는 PVB 필름은 내구성을 강화하는 데 중요한 요소다. PVB는 'Polyvinyl Butyral'  의 약어로 판유리 사이에 들어가 유리끼리 강력하게 접착시키는 역할을 함과 동시에 유리가 깨져도 파편이 분리되지 않도록 한다. 만약 도로 위에서 깨진다 해도 파편이 튀어 사고로 이어질 가능성을 상당히 줄여주는 것이다.

유리의 반사성

투명한 유리라 하더라도 빛의 조사照射 방향에 따라 반사율은 달라질 수 있다. 반사율이란 주변 풍경을 반사시키는 정도를 뜻하는데, 반사율이 높다는 것은 주변 풍경이 더 많이 비치는 것을 의미한다. 태양이나 광원이 유리면에 비치는 각도가 좁을 경우, 즉 유리면과 직각에 가까운 수준일 경우 빛은 거의 대부분 통과한다. 아침에 뜨는 햇살이 유리를 전부 관통하여 눈부시게 보이는 이치와 같다. 하지만 태양광인 광원이 유리면에 비치는 각도가 넓은 경우, 즉 태양이 높게 뜨는 경우 반사율은 극적으로 변한다. 아침과는 달리 대낮에는 빛이 실내로 많이 들어오지 않는 이치와도 같다.

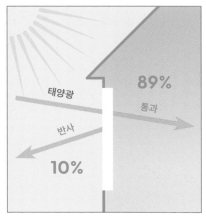

태양광이 거의 수직으로 투명 유리 반사면과 만날 때

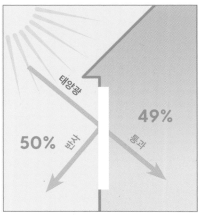

태양광이 70° 이상의 각도로 투명 유리 반사면과 만날 때

이 밖에 유리창을 중심으로 양쪽의 광량 차이, 그리고 유리면의 코팅 정도와 코팅 위치에 따라 반사율과 통과율은 달라질 수 있다. 건축물의 유리로 생각해보자. 실내가 실외보다 어두운 낮의 경우, 유리의 바깥면은 반사율이 높아져 밖에서 봤을 때 거울처럼 반사된다. 하지만 동일 조건에서는 실내에서 유리를 보면 통과율이 높아져 바깥 풍경이 잘 보이게 된다. 반대로 어두운 밤의 건축물 유리를 생각해 보면 밖은 어둡고 실내가 밝으므로 실내에서 밖을 내다보면 반사율이 올라가 거울처럼 비치고, 반대로 바깥에서 실내를 보면 통과율이 높아져 실내를 잘 들여다볼 수 있게 된다.

이렇듯 특정 조건하에서는 건물의 투명한 유리조차도 거울처럼 보일수 있으며 하늘, 구름, 혹은 인접한 서식지가 유리에 반사되어 마치 새들에게 실제 풍경처럼 보일 수 있게 된다.

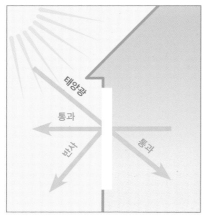

실내가 실외보다 어두운 경우   실내가 실외보다 밝은 경우

로이유리란?

다중유리의 일종으로 한 면에 은 등으로 코팅한 것을 말하는데, 이때 로이란 'Low-Emissivity Glass'로 낮은 방사율, 낮은 복사능을 뜻한다. 건축물의 열손실은 대부분 유리에서 발생하기 때문에 에너지 손실을 막고자 개발했다. 은을 사용한 특수 금속막은 가시광선을 투과시  켜 채광성을 높여주지만, 적외선은 반사하여 실내외 열 이동을 최소화한다. 즉 실내 온도 변화를 적게 만들고 냉난방 효율을 높여 에너지를 절약하려는 목적이다. 에너지 절약 설계 기준 관련 규정에 따라, 최근 건축물에 로이유리를 점점 더 많이 사용하는 추세다. 하지만 안타깝게도 반사율이 높은 로이유리 건축물은 더더욱 거울처럼 풍경을 반사시킨다.

5장
충돌의 불가피성

조류 충돌의 대상인 유리의 특징에 이어, 큰 피해를 입는 조류가 충돌 피해를 입을 수밖에 없는 해부학적, 생태적 특징을 알아보자.

생존에 최적화된 시야

첫 번째로 주목해야 할 조류의 특징은 '시야'이다. 대부분의 사람들은 자신이 공간을 두 눈으로 보는지, 한 눈으로 보는지에 대해 고민해본 적이 없을 것이다. 실제 우리는 모든 공간을 두 눈으로 볼 수 없다. 어떤 구간은 두 눈이 동시에 보겠지만, 어떤 구간은 한 눈으로만 보고 있기도 한다. 한 가지 실험을 해보면, 정면을 응시하면서 눈과 목을 움직이지 않은 상태로 양팔이 보일 때까지 펼친 구간이 바로 우리의 시야이다. 이때 왼쪽 눈을 감고, 머리를 돌

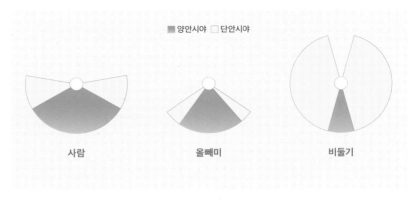

사람   올빼미   비둘기

양안시야와 단안시야

리지 않은 상태에서 왼쪽 팔이 보일 때까지 중앙으로 이동시켜 보자. 또 왼쪽 팔을 고정한 채 오른쪽 눈을 감고 마찬가지로 오른쪽 팔을 중앙으로 이동시켜 보자. 이때 양팔 사이의 공간은 양안시야, 바깥쪽은 단안시야이다.

양안시의 경우 두 눈으로 동일한 점을 주시하기 때문에 하나의 물체로 본다. 단안시의 맹점을 보완하고 시력이 높아지며, 공간에 대한 해석 능력과

정면을 향하는 수리부엉이 눈의 위치

옆쪽을 향하는 집비둘기 눈의 위치

입체 감각이 증대된다. 한쪽 눈을 감고 배드민턴을 쳐보면, 양안시의 입체 감각이 증대된다는 것의 의미를 확실히 느낄 수 있다.

동물은 각자 살아가는 데에 최적의 신체 구조, 감각 및 기능을 택해왔다. 시야도 마찬가지이다. 어떤 동물에게는 넓은 단안시야가, 어떤 동물에게는 조금 좁더라도 양안시야가 필요했을 수 있다. 일반적으로 포식 동물은 두 눈이 정면에 있는데, 이는 먹이 사냥을 위한 공간 해석 능력이 중요하기 때문이다. 하지만 피식 동물인 수많은 조류는 포식 동물처럼 자신을 위협하는 존재에 대한 감시가 우선시되므로 감지 영역이 극단적으로 넓은 것을 선택해왔다. 즉, 많은 조류는 매우 좁은 구간만 양 눈으로 볼 수 있고, 이에 따라 3차원 공간 인식 능력은 떨어질 수밖에 없는 것이 조류가 유리창 충돌 피해를 입는 해부학적 요인이 된다.

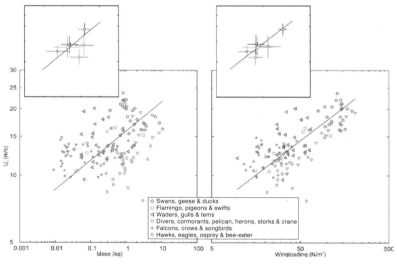

조류의 비행 속도 분포

두 번째 조류의 특징은 비행 속도이다. 조류의 비행 속도는 종에 따라 다양하며, 새의 크기, 체형, 날개 구조, 활동 패턴 등의 여러 요소가 이를 결정한다. 또한 조류의 비행 속도는 그저 무게와 날개 하중에 비례하지 않고, 각 종의 삶의 방식, 진화와도 관련이 있다. 대부분의 조류는 시속 36~72km/h의 속도로 이동한다. 물론 먹이 사냥을 위해 활공하는 매는 시속 300km/h에 도달하기도 한다. 이렇게 빠르게 이동하는 조류는 충돌 시 파괴적인 영향을 받는다. 운동에너지는 질량과 제곱속도의 곱이므로, 운동에너지는 속도에 의해 크게 좌우되기 때문이다. 따라서 빠른 속도로 비행하는 야생조류가 유리창에 충돌할 때의 파괴력은 조류에게 치명적이며, 죽음에 이르는 경우가 대다수이다.

결론적으로 단안시야가 넓고, 비행 속도가 빠른 조류의 특징이 유리창 충돌 문제에 취약하게 만드는 요인이 된다.

사고 방지 및 수습

Prevention & solution of collision

6장
다양한 충돌 방지 노력

지금까지 조류의 생태적 특성과 유리의 소재적 특성을 통해 왜 두 객체가 충돌하여 문제가 생기는지 알아보았다. 그렇다면 이제부터는 어떻게 하면 이 불행한 사고를 조금이라도 줄일 수 있을지 그 구체적인 방법에 대해 알아보자.

맹금류 모양 스티커의 낮은 효용성

길게 뻗은 도로를 달리다 보면, 투명 방음벽에 붙은 맹금류 모양의 스티커를 종종 발견하게 된다. 맹금류 모양의 스티커는 전 세계 곳곳에서 오랜 시간 조류 충돌을 막는 대안으로 활용되어 왔다. 주로 매나 독수리 모양이 그려진 이 스티커의 기대 효과는 새로 하여금 '두려움'을 유발하는 것이다. 포식자인

맹금류를 보고 다가오지 않기를 바라는 것인데, 아쉽게도 새들은 이 문양을 두려워하지 않는다. 포식자의 움직임에 매우 예민하게 반응하는 새들은, 이 스티커를 포식자로 인식하지 않는 것이다.

그렇다고 아예 충돌 방지에 효과가 없는 것은 아니다. 투명한 유리창 위에 일종의 장애물로 작용하여, 스티커 쪽으로 다가와 부딪히지는 않기 때문이다. 그러나 맹금류 모양 스티커는 딱 그 면적만큼의 효과만 있다. 스티커 바로 옆에서는 여전히 충돌해 쓰러진 조류가 발견되곤 한다.

맹금류 스티커 옆에서 발견된 참새 사체ⓒ김영준

새를 구하는 최소 규칙, 5x10 규칙

새들이 유리창에 부딪혀 죽는 문제를 해결하기 위해 여러 접근 방법이 있어 왔다. 그중 가장 많이 사용하는 것은 '시각을 자극하는 문양'으로 새들을 회피시키는 기법이다. 물론 청각을 자극하여 유리창으로부터 회피시키는 기법도 존재한다. 초음파와 같은 특정 주파수를 이용한 것인데, 결국은 눈에 보이는 문양이 가장 효과적인 것으로 나타나고 있다.

눈에 보이는 문양을 적용하는 원리는 보이지 않는 유리에 장애물을 만들어 날아들지 않게 만드는 것이다. 유리의 투명성과 반사성에 의해 나타나는 풍경 위에 문양을 만들어 '여기 유리가 있다'라는, 일종의 새를 위한 안내판을 만들어 주는 것이다. 하지만 그 문양의 간격이 넓어, 새가 통과할 수 있다고 판단하고 돌진한다면, 저감 방법으로서의 의미가 사라진다. 중요한 것은 새들이 '이 장애물 사이로 통과할 수 없겠다'라고 판단하게 만드는, 문양의 '간격'이다.

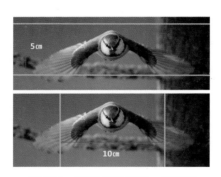

상하 간격 5cm 미만(위 /)좌우 간격 10cm 미만(아래)

대부분의 새는 문양이 상하 간격 5cm, 좌우 간격 10cm 미만일 경우 그 사이를 통과할 수 없겠다고 판단해 날아들지 않는데, 이 규칙을 '5×10 규칙'이라고 한다. 이때 문양의 굵기도 중요하다. 문양이 매우 얇다면 새들에게 보이지 않기 때문에 문양이 선형 무늬일 때, 가로 무늬라면 그 굵기가 3mm 이상, 세로 무늬라면 6mm 이상이어야 새들이 문양을 볼 수 있게 된다.

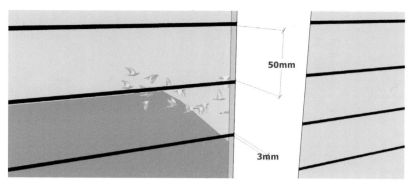

가로 무늬가 5cm 이하의 간격에 무늬 두께는 3mm 이상이어야 함

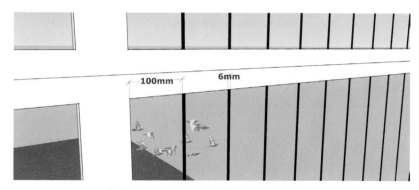

세로 무늬가 10cm 이하의 간격에 무늬 두께는 6mm 이상이어야 함

　　이러한 문양은 선형만 있는 것은 아니다. 원형, 사각형, 타원형, 다양한 기하학적 무늬도 새에게 이곳에 유리창이 있다고 안내할 수 있다. 이 문양에도 마찬가지로 5×10 규칙이 적용되는데, 다만 선형이 아닌 문양일 때는 상하 간격 5cm 미만, 좌우 간격 10cm 미만이 모두 만족되어야 한다. 맹금류 모양의 스티커를 붙인다고 해도 각 스티커마다 상하 간격이 5cm 미만, 좌우 간격이 10cm 미만이라면 유리창 충돌을 막을 수 있다.

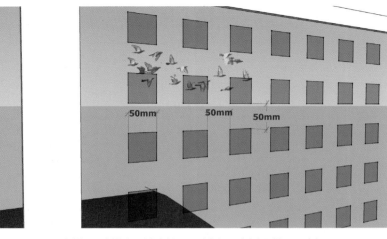

비정형 또는 기하학적 무늬의 직경은 6mm 이상이고 무늬 사이 공간은 50㎠ 이하,
무늬의 상하 간격은 5cm 이하이고 좌우 간격은 10cm 이하여야 함

유리의 특성에 따른 충돌 방지 기법

이러한 문양을 적용하여 조류의 충돌을 방지하는 기법은 유리의 특성에 따라 크게 두 가지로 나뉜다. 반사시키는 유리가 충돌 문제를 일으킬 때에 적용하는 기법, 투명한 유리가 충돌 문제를 일으킬 때에 적용하는 기법이다.

먼저 풍경을 반사시켜 문제를 일으키는 유리의 경우를 보자. 낮에 통유리로 되어 있는 상가 앞을 지나면 유리가 거울처럼 내 모습을 비추는데, 이는 유리 내외부의 광량 차이로 반사를 일으키는 것이다. 이렇듯 반사를 일으키는 유리는 내부가 잘 보이지 않는 특징을 갖는다. 따라서 만약 유리창 안쪽에 문양을 만드는 방지 기법을 사용한다면, 반사가 일어나는 유리창 바깥면에서는 그 문양이 잘 보이지 않을 것이다. 그러므로 반사를 일으키는 유리창에서는 가장 바깥면에 문양을 만들어 주는 것이 중요하다.

거울처럼 비치는 화장실 유리ⓒ김영준   다리의 투명난간ⓒ김영준

다음으로 투명하여 문제를 일으키는 유리는 주로 도로 방음벽이나 지하철 출입구, 버스 정류장 같은 구조물에서 볼 수 있다. 이러한 구조물에서는 문양을 구조물의 안쪽과 바깥쪽 어느 곳에 적용해도 방지 효과를 기대할 수 있다. 심지어 접합유리 같은 경우는 유리와 유리 사이에 적용해도 효과를 기대할 수 있다. 중요한 것은 빛 투과도를 막아 조류로 하여금 장애물을 보게 하는 것인데, 투명한 유리에서는 어디에 적용하든 그 문양이 잘 보인다.

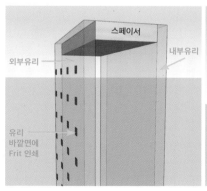

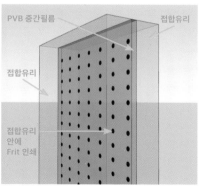

건축물 유리에 적용할 내구성이 좋은 방법   방음벽 유리에 적용할 내구성이 좋은 방법

7장

충돌 방지책 : 예방과 저감

조류 충돌 방지 기법은 적용 시점에 따라 '예방'과 '저감' 두 가지로 분류할 수 있다. '예방'이란 새로운 구조물을 만들 때 이미 기법이 적용된 유리를 사용하는 것이고, '저감'이란 이미 있는 구조물에 문양을 적용하는 것이다. 그리고 유리에 문양을 적용하는 방지 기법을 사용할 때, 우리는 유효성, 경제성, 심미성의 세 가지 속성을 고민하게 된다.

충돌 방지 기법에서 고려되는 속성들

먼저 유효성이란 얼마만큼 조류의 충돌을 효과적으로 줄일 수 있는가에 대한 속성으로, 이는 대개 심미성과 상충하는 결론을 낳는다. 촘촘하고, 대조가 확실해서 눈에 띄는 문양은 충돌을 매우 줄일 수 있다.

두 번째 경제성이란 가급적 저렴한 비용으로 문양을 만들려는 속성이다. 시공 당시의 비용, 그리고 유지 보수까지 생각하는 총비용이 있는데, 장기적으로 생각한다면 시공 당시의 비용만 고려하는 것보다 초기 비용이 높더라도 내구성이 좋은 기법을 사용하는 게 합리적일 수 있다.

마지막으로 심미성은 유리 구조물을 이용하는 사람들, 혹은 보는 사람들의 만족도와 관련된 속성이다. 셋 중 가장 주관적이지만, 기법 선택에 있어서는 영향력이 크다. 유리 구조물에 적용하는 문양이 크고 촘촘하다면 개방감이나 유리가 가진 균질함 등이 줄어 설치에 거부감을 나타낼 수도 있다. 반대로 무늬가 티 나지 않게 듬성듬성 있다면 거부감은 줄어들겠으나 유효성이 떨어지는 문제로 연결된다.

구체적인 예방, 저감 기법

이미 시공된 유리에는 저감 기법 외에 선택지가 없다. 하지만 신규 인공 구조물 설치 시 예방 기법을 적용한 유리를 사용한다면 후에 다시 저감 기법을 고민할 필요는 없을 것이다.

예방 기법	저감 기법
무늬가 적용된 접합유리, 프리트(세라믹) 인쇄, 에칭, 샌드블라스팅, 유리블록, 불투명 소재의 색유리 등 영구 문양	테이프, 필름, 아크릴 물감, 낙하산 줄 등

구조물의 설계 시점부터 예방 기법을 고민한다면, 디자인적으로 우수

하거나 상징적인 구조물을 만들 수 있다. 설계 단계에서 건물 외관에 유리 사용을 최소화하거나 다양한 디자인 요소를 활용하여 유리에 무늬를 넣는 방법도 있다. 무늬가 삽입된 접합유리를 활용한 충돌 방지 접합유리는 방음벽에서 종종 보이는데, 이렇듯 무늬 삽입 유리나 스테인드 글라스 등 불투명 소재 혹은 문양 삽입 로이유리 등 조류 충돌을 방지할 수 있는 제품의 개발과 국산화가 필요하다.

저감 기법 적용 시 고려할 문제

테이프나 필름 부착은 기존 유리 구조물에 저감 기법으로 흔히 사용되고 있다. 그러나 안타깝게도 이러한 방법은 영구적인 방지 기법이 되지 못한다. 보통 테이프나 필름의 수명은 5~10년 정도인데, 적용되는 구조물의 방향에 따라 수명에 큰 차이를 나타낸다. 특히 햇볕을 많이 받는 남사면 방향 구조물의 경우, 자외선을 받는 시간이 길어 5~6년이면 부착한 제품이 노후화된다. 반면 햇볕이 잘 안 드는 곳은 10년 넘게 그 효과를 유지할 것으로 보인다.

국립생태원의 조류 충돌 방지 필름
(부착 후 6년 경과 - 햇볕이 잘 들지 않는 구간)

조류 충돌 방지 필름이 노후화된 모습
(부착 후 6년 경과 - 남사면 구간)

일상에서 간단히 적용할 수 있는 조류 충돌 저감 방법으로는 아크릴 물감, 낙하산 줄 늘어뜨리기 등이 있다. 아크릴 물감은 벽화에 사용하는 물감 종류이고 자외선 반사 자재가 포함되어 장시간 변색되지 않으며, 내후성과 점착성이 뛰어나다. 다만, 물감 적용 후 충분히 마르지 않은 상태에서 비가 오거나 날이 너무 뜨거우면 흘러내리거나 녹아내릴 수 있다.

낙하산 줄은 10cm 간격으로 세로줄을 내리면 효과가 좋다. 그러나 일반적인 거주 공간 외벽에 적용하기에는 미관상의 문제도 있고 바람에 움직이는 낙하산 줄이 신경 쓰일 수 있다. 이 기법은 거주 공간이 아닌 인공 구조물에 더 적합한데, 아래를 묶지 않으면 줄이 흔들리면서 서로 얽힐 수 있고, 하단부에 잡초가 자랄 경우 줄 사이가 벌어져 충돌할 공간이 만들어질 수도 있다.

아크릴 물감 저감 기법을 적용한 국립생태원 흡연 부스(좌),
낙하산 줄을 늘어뜨리는 저감 기법을 적용한 국립생태원 주차장(우)

이러한 저감 기법은 내구성이 약하다는 단점이 있지만, 비용과 접근성에서 큰 장점을 갖는다. 접근이 용이하다는 것은 간단한 방법으로 새를 살릴 기회를 얻는다는 뜻이기에 매우 큰 장점이다. 따라서 거주 공간보다는 주차장이나 자전거 보관소, 흡연 부스, 동물원 전시시설같이 시민들에게 자주 노출되는 장소에서 직접 체험하게 하는 것이 좋다. 물론 5×10 규칙만 지킨다면 새를 구하는 효과는 뛰어나다.

저감 효과 모니터링 결과

국립생태원은 2018년 대전시 유성구 반석동 외삼네거리 방음벽에서 사전 조사를 실시한 뒤, 조류 충돌 방지 테이프를 부착하였다. 이후 사고 발생 비율을 점검하여 적용 구간과 비적용 구간에서 발생하는 조류 충돌 저감 효과 모니터링을 실시했다. 그 결과, 미부착 구간은 352일간 약 200마리의 폐사체가 발견됐지만, 부착 구간에서는 4마리의 폐사체만 확인되었다.

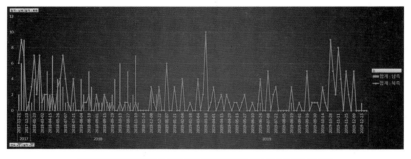

대전시 방음벽 저감 조치 시공 전·후 비교(파란색:적용 구간, 주황색:비적용 구간)

2020년 8월부터는 전북 정읍의 방음벽 3곳을 주기적으로 조사했는데, 조사할 때마다 발견된 새의 충돌 사체 및 흔적은 평균 6.8마리였다. 이후

2021년 10월, 이곳에 전북 시민들과 조류 충돌 저감 테이프를 부착한 뒤 꾸준히 조사를 진행한 결과, 저감 기법 적용 후에는 조사 횟수별 평균 0.09마리가 발견되었다. 98.7%의 저감 효과를 확인한 것이다.

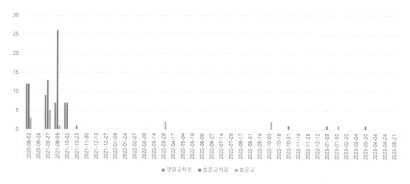

전북 정읍시 방음벽 저감 조치 시공 전후 비교(98% 이상의 저감률 확인)

해외의 저감 제품 평가 방법

해외에서는 다양한 기법을 사용해 조류 충돌 저감 제품을 시험하고 평가한다. 관련 기관으로 오스트리아의 비엔나 자연자원 생명과학대학교, 미국조류보전협회, 퓰렌버그대학교가 있는데, 이들의 시험 방법은 각각 다르다.

미국 파우더밀 비행터널 시험

먼저 오스트리아 비엔나 자연자원 생명과학대학교와 미국 조류보전협회에서 운영하는 방식은 터널 시험이다. 문양이 없는 대조 유리와 문양이 있는 시험 유리를 터널 끝에 설치한 뒤, 반대편 터널 끝에서 새를 방사하여 날아가는 방향 비율로 충돌 저감 효과를 평가하는 것이다. 새들이 어두운 곳에서 밝은 곳으로 날아가려는 습성을 이용한 것인데, 최소 80회 이상의 유효 비행이 필요하다. 다만 새들이 유리창에 충돌하여 부상 당할 가능성을 방지하기 위해 유리 앞에 새그물을 설치하는데, 이때 터널은 투명 조건 터널과 반사 조건 터널의 두 종류가 있다.

투명 조건 터널은 거울을 이용하여 태양광이 양쪽 유리에 도달하게 하고, 터널 끝의 유리가 투명하게 보이도록 되어 있다. 반사 조건 터널은 유리판 뒤에 간이 방을 설치하여, 실내·외 조도 차이로 인한 반사가 일어나도록 만들어져 있다. 시험 유리와 대조 유리는 새가 날아가는 방향 축으로부터 55° 각도로 설치하여 유리에 반사된 풍경을 시험 조류가 볼 수 있도록 한다.

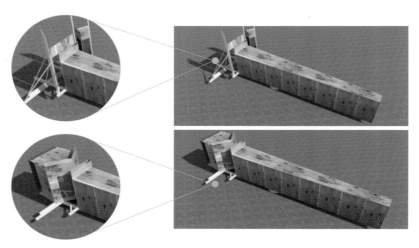

3D로 재현한 투명 조건 터널(위) / 3D로 재현한 반사 조건 터널(아래)

뮬렌버그대학교에서 사용하는 방식은 야외 충돌 시험이다. 이 시험은 새들의 비행 경로 조건을 다양하게 조성하는 환경까지 고려하여 선택한 평가 방법으로, 상업지구 및 주거용 건물 1층 유리창 높이에 일정 간격으로 시험 창틀을 설치하고 매일 새들이 충돌하는지 확인한다.

3D로 재현한 뮬렌버그대학교 Dr.Klem 야외 충돌 시험

이러한 시험을 통해 조류 충돌 방지 제품을 점수화하는데, 시험 조건에서 조류 충돌의 수가 많을수록 방지 효과가 낮고, 적을수록 방지 효과가 높은 것으로 평가한다. 하여 점수에 따라 각 제품의 성능을 제시하지만, 이 점수가 절대적인 평가라고 보기는 어렵다. 왜냐하면 미국과 독일어권 나라에서 위험하다고 여기는 점수의 기준이 각각 다르기 때문이다.

8장
충돌한 조류 발견 시 대처법

유리가 있는 인공구조물 주변에서 항상 조류의 사체만 발견되는 것은 아니다. 흔한 경우는 아니지만 종종 살아있으나 부상당한 조류가 발견되기도 한다. 만약 새가 쓰러져 있다면 유리에 부딪혀 쇼크 상태에 빠진 것으로, 겉으로 큰 외상이 보이지 않을 수도 있다. 그러나 그 충돌의 운동에너지는 커서 치명적인 내상이 발생했을 가능성이 높다. 날개나 가슴 주변 뼈의 골절 혹은 눈과 눈 내부, 부리와 부리 주변 조직이 다쳤을 수 있다. 의식이 있다고 해도 이동에 어려움이 있거나, 먹이를 먹지 못하는 상황이 발생할 수 있다.

살아있는 새

가장 심각한 경우는 중추신경에 손상을 입었을 때이다. 두부 손상을 입어 균형 실조, 허약, 발작 또는 의식을 잃고 그 자리에서 죽어가기도 한다. 그래서 자세한 신체검사와 적절한 처치를 위해 야생동물구조센터에 도움을 요청하는 것이 중요하다. 전국에 있는 야생동물 구조센터는 구조사가 다른 구조를 나가 있어 시간이 걸리거나, 주말에는 구조가 어려운 센터도 있다. 그렇다면 우리는 구조센터 구조사를 만날 때까지 어떻게 대처해야 할까.

야생조류와 함께 구조센터의 도움을 기다리는 원칙은 간단하다. 어둡고, 조용하며, 선선한 환경에서 새를 보호하는 것이다. 종이상자 같은 것에

충돌 피해로 안구 손상을 입은 솔부엉이(위)와 수리부엉이(아래)©김영준

작은 구멍을 여러 개 낸 후 수건으로 덮어 햇빛이 들지 않는 공간으로 만든 다음, 그 안에 두도록 한다. 이는 머리 쪽에 손상을 입었을 새를 위하는 것인데, 조류의 뇌에 무리를 덜어주도록 두개골 안의 압력을 낮춰주는 것이다. 체온이 낮아지면, 뇌 대사율과 두개골 압력이 낮아지기 때문이다. 또한 스트레스를 줄이기 위해 조용한 장소에 둬야 한다. 만약 기립이 어려운 새라면 머리를 몸보다 30° 정도 높게 두어, 정맥으로의 혈류 배출이 잘 되도록 해준다. 기립할 수 있는 새라면 새가 쥐고 설 수 있는 횃대를 만들어주고 밑에 신문지를 찢어 넣어 배변이 깃털에 묻지 않게 해준다. 혹여 수건을 밑에 깔아주었다가, 발가락 혹은 발톱이 실에 엉켜 괴사되는 경우도 있으니 주의해야 한다. 무엇보다 자세한 상태를 구조센터와 공유하면서 상태에 따라 구조센터 수의사의 말을 따르는 것이 중요하다.

충돌 후 야생동물센터에 구조된 조류@김승욱

건축물이나 투명 방음벽 등 투명하거나 반사를 일으키는 인공구조물 주변에 새가 죽어있다면, 유리창에 충돌해 피해를 입었을 확률이 높다. 이렇게 죽은 새를 발견한다면, 이들의 죽음을 기록하는 것이 필요하다. 언제, 어디서, 어떻게 죽었는지 기록한 자료가 하나하나 쌓여 야생조류가 더이상 이 문제로 죽지 않도록 세상을 바꿔나가는 원동력이 될 수 있기 때문이다. 여기에 활용할 수 있는 시민 참여 플랫폼이 있는데, 이에 대해서는 다음 장에서 좀 더 자세히 살펴보도록 한다.

인공구조물 주변에 죽어 있는 새

지역		주소	전화번호
1	서울시야생동물센터	서울특별시 관악구 관악로 1	02-880-8659
2	경기도야생동물구조관리센터	경기 평택시 진위면 동천길 132-93	031-8008-6212
3	경기북부야생동물구조관리센터	경기 연천군 전곡읍 양연로 1113번길 179-16	031-8030-4451
4	인천광역시야생동물구조관리센터	인천광역시 연수구 송도국제대로 372번길 21	032-858-9704
5	강원대학교야생동물구조센터	강원 춘천시 강원대학길1	033-250-7504
6	대전야생동물구조관리센터	대전광역시 유성구 대학로 99	042-821-7931
7	충남야생동물구조센터	충남 예산군 예산읍 대학로 54	041-334-1666
8	충북야생동물센터	충북 청주시 청원구 양청4길 45	043-249-1455
9	울산광역시야생동물구조관리센터	울산광역시 남구 남부순환도로 293번길 25-3	052-256-5322
10	부산야생동물치료센터	부산광역시 사하구 낙동남로 1240-2	051-209-2093
11	경상북도야생동물구조관리센터	경북 안동시 도산면 퇴계로 2150-44	054-840-8251
12	경남야생동물센터	경남 진주시 진주대로 501	055-754-9575
13	전라북도야생동물구조관리센터	전북 익산시 고봉로 79	063-850-0983
14	광주야생동물구조센터	광주광역시 서구 무진대로 576	062-613-6651
15	국립공원야생동물의료센터	전남 구례군 마산면 화엄사로 402-31	061-783-9585
16	전남야생동물구조관리센터	전남 순천시 순천만길 922-15	061-749-4800
17	제주야생동물구조센터	제주 제주시 산천단남길 42	064-752-9582

9장
조류 충돌 조사

조류 충돌은 유리창이 있는 곳이라면 전국 어디에서든 일어날 수 있다. 특히 많은 사람의 관심과 활동이 필요한 문제이기 때문에, 2018년 7월 이를 함께 기록하고자 '네이처링'이라는 시민 자연 관찰 플랫폼에 '야생조류 유리창 충돌'이라는 미션이 개설됐다. 이 기록들은 새를 보호하는 데 매우 영향력 있는 자료로 활용되며, 현재까지 이 미션에 참여하는 시민들은 꾸준히 늘고 있다.

조사 준비

조사는 조류 충돌 문제에 대한 관심에서부터 시작된다. 주변에 새들이 충돌할 만한 구조물을 주의 깊게 살펴보고, 만약 충돌 피해를 입은 새를 발견하게 되면 기록을 해야 한다. 이를 위해서는 조사용 자와 비닐 봉투, 스티커가 있으면 좋고, 사진을 찍고 네이처링 앱을 이용하기 위한 스마트폰은 필수다.

스마트폰에는 '네이처링' 앱을 미리 설치해, 야생조류 유리창 충돌 조사 미션에 참여한다. 그리고 스마트폰에서 카메라 사용 시 위치정보서비스를 사용하는 것으로 설정한다면, 조사를 위한 스마트폰 준비는 끝난다. 물론 스마트폰 대신 카메라나 스마트 기기를 활용할 수도 있지만, 스마트폰을 사용하는 것이 가장 간편한 방법이다.

죽은 새의 사진을 찍을 때는 자나 크기를 가늠할 수 있는 물품을 옆에 두는 게 좋다. 새 크기는 동정(종을 구분하는 것)에 중요한 요소다. 새 크기뿐만 아니라 색상, 무늬 등 여러 특징을 통해 종을 동정하면, 어떤 새가 유리창 충돌을 입었는지 알 수 있다. 비닐봉지는 새의 사체를 수거하는 용도로, 사체를 수거하지 않으면 이 문제에 관심이 있는 다른 사람이 이를 발견해 중복으로 기록하여, 기록 신뢰도가 떨어질 수 있다. 만약 사체를 수거하는 데 어려움이 있다면 보이지 않는 곳으로 치우는 것도 방법이다. 충돌 흔적 또한 중복으로 기록될 가능성이 있어 스티커로 충돌 흔적을 표시하도록 한다. 방음벽처럼 흔적은 많은데 사람의 손길이 가지 않아 그 흔적이 오랫동안 유지된 곳에 스티커를 붙여 표시하면, 충돌 흔적을 중복 기록할 가능성을 줄일 수 있다.

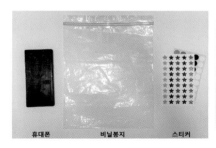 

조사 준비물과 환경부·국립생태원에서 제작한 조사용 자

조류 충돌 조사의 첫 번째 대상은 유리 구조물 아래에 떨어져 있는 새 사체이다. 사체는 충돌한 지 얼마 되지 않아 온전하거나 완전히 백골화된 상태, 또 고양이, 너구리, 설치류, 까치와 같은 동물들이 훼손하거나 곤충 같은 분해자들이 분해한 상태 등 다양한 모습이다. 때문에 상태보다는 '어디에서, 어떤 새가, 몇 마리 피해를 입었는가'가 중요한데, 훼손된 사체는 몇 마리인지를 파악하는 것이 쉽지 않다. 따라서 일정한 기준으로 수를 판단해야 한다. 예를 들어 동일 종의 왼쪽 날개 하나와 오른쪽 날개 하나를 같이 발견했다면 1개체로 볼 수 있지만, 동일 종의 왼쪽 날개 두 개와 오른쪽 날개 하나를 같이 발견했다면 2개체로 봐야할 것이다. 특히 두개골은 개체수를 확인할 수 있는 뼈 중 하나로, 두개골이 1개라면 1개체, 두개골이 2개라면 2개체로 볼 수 있다.

온전한 물총새 사체

때로는 사체가 훼손되어 깃털만 남아있는 경우도 있는데, 유리창 주변에 떨어진 깃털을 모두 조류 충돌의 흔적이라고 볼 수는 없다. 충돌하지 않아도 우연히 깃털이 유리창 주변에 떨어질 수 있고, 방음벽 주변은 닭을 이동시키던 차에서 깃털이 날렸을 수도 있기 때문이다. 즉 깃털 여러 뭉치가 있을 때만 충돌 여부 및 개체수를 판단하는 것이 맞을 것이다.

깃털 뭉치(좌), 백골 사체(우)

동일 종의 왼쪽 날개 1개와 오른쪽 날개 1개를 발견한 경우(좌)
동일 종 왼쪽 날개 2개와 오른쪽 날개 1개를 같이 발견한 경우(우)

두 번째 조사 대상은 충돌 흔적이다. 유리 아래에 사체가 없어도 유리창에 흔적이 남아 있다면 조류가 충돌했음을 알 수 있다. 비둘기류처럼 충돌 흔적이 잘 남는 종이 많지 않아 흔적으로 파악할 수 있는 충돌은 한정적이지만, 고양이나 너구리 등의 포식자나 분해자에 의해 사체가 사라져도 충돌 발생을 확인할 수 있는 방법이다.

조류가 충돌할 때 피부와 깃털에 있는 유분이나 각질이 유리창에 남는 경우가 있으며, 특히 비둘기류는 충돌 흔적이 잘 남는 편이다. 또 사람 머리카락 모근이 어딘가에 붙는 것처럼 깃털이 유리창에 붙거나, 충돌 충격으로 먹이 저장 창고인 소낭이 터져 그 내용물이 유리창에 남기도 한다. 충돌 충격으로 퍼진 배설물이 유리창에 묻기도 하는데, 새들이 유리 구조물 위에 앉아서 배설을 하는 경우도 있으므로 유리창에 묻은 모든 배설물을 충돌 흔적이라고 보기는 어렵다. 그러므로 배설물 퍼진 형태, 충돌 흔적, 깃털 등 여러 가지를 함께 보고 판단할 필요가 있다.

이밖에도 조사 시 혼동을 일으키는 것들이 있다. 플라스틱 방음벽에서는 근처 식물이 바람에 흔들려 방음벽을 쓸면서 생긴 흠집이 착각을 일으키게 한다. 특히 나무를 베었거나 1년생 식물에 의해 생긴 경우에는 근처에 식물이 보이지 않아 더 혼동할 수 있다. 식물 씨앗은 깃털처럼 보일 수도 있고, 거미 알집, 거미줄, 아이들이 놀면서 손으로 만진 유리, 공을 차서 맞은 흔적 등도 충돌 흔적과 혼동할 수 있다. 종종 깨진 방음벽을 보고 조류 충돌 때문이라고 생각할 수 있는데, 조류 충돌로 방음벽 유리가 깨지기는 어렵다. 방음판을 뚫고 날아간 꿩 사례가 확인된 적도 있지만, 이는 폴리카보네이트로 만들어진 오래된 방음판이 약해져 발생한 특이 사례다.

조사 방법

조류 충돌 조사는 크게 네 가지 과정을 거친다. 첫 번째는 이동하면서 바닥과 유리창을 확인하는 것으로 아주 간단하다. 조류 충돌은 유리창과 방음벽부터 유리 난간, 버스 정류장까지 우리 주변의 다양한 구조물에서 발생하기 때문에, 출근길이나 하교길처럼 일상에서 조사할 수 있다. 특히 피해 개체수가 비교적 적거나 청소, 관리 등으로 사체가 없어질 가능성이 높은 구조물에서의 피해를 확인하기 위해서는 자주 살펴보는 것이 중요하다.

조류 충돌 조사는 결국 사람이 직접 눈으로 피해를 찾는 방식이다보니, 발견하지 못하는 경우가 다수일 우려도 있다. 하지만 피해를 발견해 누적시킨 기록은 다른 새들을 살리는 근거 자료로 활용할 수 있기 때문에, 눈앞의 피해를 놓치지 않도록 좀 더 관심을 갖는 것이 중요하다. 특히 새가 유리 바로 앞에 떨어져 있을 수도 있지만, 생각보다 유리로부터 먼 위치에서 발견되는 경우도 있으므로 넓은 시야로 살펴보는 것이 좋다. 충돌 충격으로 새 사체가 튕겨 나갈 수도 있고, 지나가던 사람이 인근 수풀로 치울 수도 있으며, 고양이가 물고 갈 수도 있다. 만약 충돌 후 바로 죽지 않았다면 새가 수풀 안쪽으로 몸을 숨겼다가 죽었을 수도 있다.

유리창 위 충돌 흔적은 유리에 반사되는 배경이나 빛의 각도에 따라 눈에 띄는 정도가 확연히 달라진다. 지문처럼 유리창에 찍힌 흔적은 배경이 밝거나 시야에 방해되는 요소가 많으면 놓치기 쉽다. 그러므로 흔적을 최대한 놓치지 않도록 유리창을 여러 각도로 살펴보면 좋다. 아울러 같은 경로를 왕복으로 조사하면서 시선을 달리해보면 이전 경로에서 놓친 사체나 흔적을 찾을 가능성이 높아진다. 눈이 많아질수록 보다 넓고 다양한 위치를 확인할 수 있기 때문에 2명 이상이 함께 이동하면서 조사하면 좋다.

두 번째 과정은 사체와 충돌 흔적을 사진으로 촬영하는 것이다. 사진은 피해 발생의 근거이자 어떤 새가 죽었는지 확인할 수 있는 참고 자료가 된다.

현재 '야생조류 유리창 충돌 조사' 미션 기록은 단순히 조류 충돌 사체만 보여주는 것이 아니라, 어떤 종이 피해를 입었는지 데이터를 축적하고 있다. 하지만 사체를 발견한 사람 모두가 종을 알아보는 것은 어렵기 때문에 사진으로 동정하는 경우가 많은데, 이를 위해서는 크기를 가늠할 수 있는 물체(자, 볼펜 등)와 함께 새의 앞, 옆, 뒤 등 다양한 모습을 찍는 것이 필요하다.

충돌 흔적을 촬영할 때는 초점을 정확히 맞추는 것에도 주의해야 한다. 투명한 유리에 찍힌 충돌 흔적을 찍다보면 자칫 유리 건너편 풍경에 초점이 맞춰질 가능성이 높기 때문이다. 이를 방지하기 위해서는 유리에 물체를 대고 거기에 초점을 맞추는 방법을 사용할 수 있다. 만약 손에 안 닿는 위치이거나 배경 특성상 흔적이 잘 안 보인다면 각도를 달리하여 최대한 선명하게 보이는 위치에서 촬영하거나 카메라 수동 초점 기능 등을 이용해도 좋다.

종 동정을 목적으로 사진을 찍을 때는 크기가 왜곡되어 보이지 않도록 가능한 수직으로 촬영하는 것이 좋다. 단, 조류 유리창 충돌 문제를 보다 효과적으로 보여주는 데 활용될 수 있도록 다양한 각도로 촬영하는 것도 고려해 볼 수 있다. 조사 대상 외에 주변 풍경을 함께 찍으면 새가 충돌하는 환경에 대한 정보를 축적할 수 있고, 위치 정보를 더 정확하게 확인하는 데도 도움이 된다.

세 번째 과정은 기록한 사체를 치우고 충돌 흔적을 표시하는 것이다. 기록된 사체나 흔적이 계속 그대로 있으면, 1개체가 여러 차례 기록되어 기록 정확성이 떨어질 수 있다. 사체는 폐기물관리법에 의거하여 종량제 봉투에 넣어 일반쓰레기로 폐기하거나 '지역번호+120'에 신고하여 수거를 요청할 수 있고, 상황이 불가피하다면 수풀 등으로 사체를 치우는 것도 고려해 볼 수 있다. 만약 법정보호종을 발견했다면 지자체 관련 부서에 수거를 요청해도 된다.

마지막 과정은 네이처링(플랫폼)에 기록하는 것이다. 앞의 과정을 마쳤더라도 기록을 하지 않으면 근거 자료로 활용할 수 없으므로 기록은 매우 중요하다. 네이처링 '야생조류 유리창 충돌 조사' 미션에 기록하는 순서는 아래 그림과 같다.

지금까지 많은 자료들이 축적된 네이처링 '야생조류 유리창 충돌 조사' 미션에서 내가 사는 곳 주변에는 어떤 기록이 있는지 한 번 살펴보자. 그리고 이 기록 하나하나가 모여 사람들의 인식이 바뀌고, 법이 바뀌고 구조물이 바뀐다는 것을 인지하고, 우리도 그 흐름에 동참해보도록 하자.

네이처링 '야생조류 유리창 충돌 조사' 미션 기록 순서

출처 : 네이처링 (https://www.naturing.net/terms/ccl)

10장
조류 친화적 도시

'새가 살기 좋은 도시가 곧 인간에게도 살기 좋은 도시'라는 사실을 일찌감치 깨달은 사람들이 있다. 그들은 새를 위험에 빠뜨린 요소를 살펴 방지책을 찾음과 동시에, 보다 많은 새들과 공존할 수 있는 환경을 만들어가는 중이다. 그렇게 어느 한 사람의 생각과 행동이 여러 사람의 힘을 모으고, 마침내 도시 전체를 움직였다는 이야기는 아직 우리에게도 변화의 희망이 있음을 일깨워 주는 듯하다.

도시의 건물이 새에게 미치는 영향을 체계적으로 연구한 토론토

캐나다 토론토는 철새가 이동하는 봄, 가을에 수백만 마리의 새들이 통과하는 지역이다. 그래서 도시의 환경이 새에게 얼마나 큰 영향을 미치는지에 대한 연구도 일찍 시작되었다.

1993년 토론토의 비영리단체 FLAP(Fatal Light Awareness Program : 치명적인 조명 인식 프로그램)의 설립자 마이클 메주어Michael Mesure는 이른바 '빛공해'로 불리는 도시의 불빛에 이끌린 많은 철새들이, 어두운 밤에 밝게 빛나는 건물 유리창에 부딪혀 죽는다는 사실을 알게 되었다. 그는 이 문제를 해결하기 위해 연구에 나섰는데, 곧 어두운 밤보다 해가 떠 있는 시간대에 건물 유리창에 부딪히는 새가 더 많다는 사실을 깨달았다. 이후 FLAP은 매년 한 해 동안 유리창 충돌로 죽은 새의 사체를 모아 전시하는 프로젝트를 진행했고, 이는 많은 사람들로부터 주목을 받았다. 더불어 FLAP은 철새들의 이동 시기가 되면 '불 끄기 캠페인'을 진행하고, 대중들에게 조류 친화 도시의 중요성을 끊임없이 교육하는 등 다양한 노력을 펼치고 있다.

건물 외벽 유리에 다양한 무늬를 디자인한 토론토 라이어슨대 학생회관

2007년 토론토는 녹색 개발 기준의 일환으로 「조류 친화적인 개발 가이드라인(Bird-friendly Development Guidelines)」을 제정해, 토론토에 새로운 건물을 지으려면 외벽 유리, 발코니 난간, 외부 조명 등 몇몇 항목에서 최소한의 기준을 충족하도록 했다.

새에게 안전한 건축물 규제를 만든 샌프란시스코

도시 전체가 바다와 인접해 다양한 새들이 서식하는 샌프란시스코는 미국에서 처음으로 새에게 안전한 건축물 규제를 만든 곳이다. 당시 도시의 수석 설계자였던 앤마리 로저스는 미국 조류보전협회의 도움을 받아 「조류 안전 설계 표준(Standard for Bird-Safe Building)」이라는 건축 규정을 만들었는데, 내용은 크게 두 가지로 볼 수 있다.

하나는 공원, 녹지, 호수, 8,000m² 이상의 옥상정원 등 새가 서식할 수 있는 '도시 조류 보호구역' 근방 90m 내에서 일어나는 개발을 규제하는 것이고, 또 하나는 새로 짓는 건물의 경우 지상에서 18m 높이까지 건물 외벽에 사용한 유리의 90% 이상에 조류 안전 조치를 해야 한다는 내용이다.

샌프란시스코 시내에는 독특한 외형으로 눈길을 끄는 미라 빌딩이 있다. 이 건물은 창문이 여러 방향으로 나 있어 전체가 울퉁불퉁한 디자인인데, 이러한 디자인은 도시를 모든 각도로 조망하게 해주는 동시에 날아다니는 새가 건물을 보다 잘 인식하게 도와준다. 미라 빌딩은 새에게 안전한 건물이면서 옥상 녹지와 중수도 재활용 등으로 에너지 효율도 높은 친환경 건축물이다. 샌프란시스코에는 이처럼 「조류 안전 설계 표준」에 따라 건설된 건물이 수천 개나 된다.

「조류 안전 설계 표준」에 따라 건설된 미라 빌딩

도심 속 건물은 투명한 유리와 화려한 불빛으로 새의 생명을 위협하지만, 몇 가지 요소만 보완하면 오히려 새의 서식지로 거듭날 수 있다. 뉴욕 맨해튼의 제이컵 K. 재비츠 컨벤션센터와 그리니치 빌리지 공립학교가 좋은 예다.

몇 년 전 제이컵 K. 재비츠 컨벤션센터는 5억 달러 규모의 리모델링을 통해 건물 외부의 투명 유리를 새에게 안전한 것으로 교체하고, 옥상에 28,000m² 규모의 녹지를 조성하였다. 이후 뉴욕의 오듀본협회*가 모니터링한 바에 따르면, 26종의 새가 이 옥상을 찾아왔고, 적어도 12마리의 새가 이곳에서 태어나 미국 전역으로 이동했다고 한다.

또 맨해튼의 그리니치 빌리지 공립학교도 옥상에 녹지를 조성해 학생들의 야외 학습 공간으로 활용하고 있다. 아이들은 이곳에서 자연의 생태를 배우거나 풍경화를 그리며 산책을 즐기는데, 이 자연 공간을 찾는 새들이 늘면서 '뉴욕의 새'라는 수업 과정도 개설했다.

2019년 12월, 뉴욕시의회는 새에게 안전한 건물 외벽을 요구하는 법안을 통과시켰다. 이 법안으로 2021년부터 뉴욕시에서 새로운 건물을 건설하거나 기존 건물을 대대적으로 보수할 경우, 지상에서 20m, 옥상 녹지에서 3.5m 높이까지의 외벽에는 새를 위한 유리를 사용하게 되었다. 그리고 2020년 7월에는 새롭게 건축되는 모든 정부 건물에 새를 위한 디자인 가이드를 적용해야 한다는 내용을 담은 「조류 안전 건축법」이 미 하원을 통과하기도 했다.

---

* 1905년에 설립된 환경 단체로, 조지 버드 그리넬(George Bird Grinnell)이 조류 화가 존 제임스 오듀본(John Jame Audubon)의 이름을 따서 만든 협회이며 조류를 비롯한 야생동물의 건강한 생태계 보전을 위해 일하고 있다.

제이컵 K. 재비츠 컨벤션센터의 옥상 녹지

우리나라도 새들이 찾아오는 도시숲 조성이 필요하다는 목소리가 조금씩 나오고 있다. 국립산림과학원은 2023년 3월 건강한 도시숲을 유지·관리하기 위해 서식이 필요한 6종의 지표종(오색딱다구리, 동고비, 흰배지빠귀, 박새, 붉은머리오목눈이, 꿩)을 선정하고, 이들의 먹이식물로 감나무, 소나무, 산수유, 팥배나무, 찔레꽃, 참느릅나무 등 173종을 발표했다. 우선 조류의 충돌 가능성이 높은 투명 유리를 안전한 유리로 대체하고, 새들이 찾아올 수 있는 자연환경을 조성하려 노력한다면 우리나라에도 조류 친화 도시가 하나 둘 생겨나지 않을까.

11장
조류 친화적 건축

조류 친화적 건축이 환경적으로 지속 가능한 디자인이라는 사실이 알려지
면서, 북미 일부 지역에서는 건축 허가를 받기 위한 필요 요건으로 자리잡는
추세다. 우리나라도 법 개정에 따라 국가, 지자체, 공공기관은 조류 충돌을
최소화하는 건축이 의무화되었다.

더 경제적이고 심미적인 조류 친화적 건축

조류 친화적 건물 설계가 건물의 디자인 상상력을 제한하거나 건축 비용 증
가의 원인이라는 것은 그야말로 오해이다. 오히려 건축 초기 단계부터 조류
친화적 디자인을 적용하면 차후 조류 충돌 방지를 위한 비용이 발생하지 않
아 경제적이다. 또 전 세계 많은 건축가들은 중요 건물에 조류 위협을 최소

화하거나 전혀 위협적이지 않은 유리를 사용하여 더 멋진 외관을 갖도록 설계했다. 조류 충돌이 없거나 최소화할 수 있는 건물 디자인은 현재 기술로도 충분히 가능한 것이다. 조류를 특별히 고려하지 않았지만, 의도와 상관없이 조류 충돌로부터 새들을 보호하는 건물 디자인도 상당수 존재한다. 조류 친화적 디자인은 별도의 기능이 아니라 열이나 빛의 조절, 방범이나 방충 수단 및 장식 등 다양한 건축 기능과 일치하는 경우가 많기 때문이다.

하지만 지금까지 조류 친화적 건축 디자인은 중요성을 인정받지 못하는 분위기였다. 다행스럽게도 최근 조류 충돌 문제에 대한 시민 인식이 확산되고 이를 위한 제도들이 만들어지면서, 관련 업계에서는 조류의 안전을 고려하는 자재들이 늘어나고 있다. 과거에는 기존 건물에 추가로 구조물을 설치해야 해서 비용이 많이 들고 어려웠으나, 신규 자재가 많이 등장하면서 이 문제도 자연스럽게 해결되는 상황이다.

조류 친화적으로 건축물을 디자인하는 방법

일반적으로 조류 친화적 건축을 디자인하는 방법은 세 가지로 나뉘며, 이것은 한 구조물에 통합적으로 적용할 수도 있다. 첫 번째 방법은 유리 사용을 최소화하는 것, 두 번째는 충돌 피해를 줄일 수 있는 유리를 사용하는 것, 세 번째는 유리 바깥 면에 유리 반사성, 투명성을 막을 수 있는 부착물을 장착하는 것이다.

유리를 사용하면서도 충돌 피해를 줄일 수 있는 가장 확실한 방법 중 하나는 패턴이 적용된 유리를 이용하는 것이다. 5×10 규칙으로 찍힌 작은 점 패턴은 멀리서 보면 사람 눈에 띄지 않아 조망권을 망치지 않지만 조류 충돌을 줄일 수 있다. 작은 점 패턴이 다소 단조로워 보인다면, 5×10 규칙을 지킨 다양한 패턴을 사용하여 조류 충돌을 방지할 뿐만 아니라 건물의 특성을 살릴 수도 있다. 특히 건물을 지을 때부터 패턴을 프리트 인쇄한 유리를 이용하면 패턴이 영구적으로 유지되어, 언젠가 노후화될 수밖에 없는 스티커, 필름을 이용하는 것보다 훨씬 경제적이다. 단 패턴이 유리 외부에 인쇄되어야 유리 반사 현상이 일어나도 패턴이 반사된 풍경에 묻히지 않아 조류 충돌을 막을 수 있다. 검정색

새와 자연 보전 및 교육 목적으로 설립된 Tracy Aviary(Salt Lake City)

과 주황색을 함께 배치하는 등 대조가 뚜렷한 패턴을 이용하면 높은 조류 충돌 방지 효과를 기대할 수 있다.

유리를 기울어진 형태로 사용하는 것도 충돌 피해를 줄일 수 있는 방법으로 안내되기도 한다. 2004년 다니엘 클렘 주니어Daniel Klem Jr. 박사 등은 20~40°로 비스듬히 설치된 유리가 직각으로 설치된 유리에 비해 조류에게 더 안전하다는 연구 결과를 발표하였다. 기울어진 유리는 식생이 아닌 땅을 반사하기 때문이라고 그 이유를 설명하였다. 그러나 유리 설치 방향이 모든 위협 요인을 없애는 것은 아니며, 이 방법은 일부 특별한 경우에만 효과적이라는 주장도 있다. 해당 연구에서는 조류가 단순히 지면과 평행하게 날아가는 상황만을 가정한 것이기 때문이다. 조류가 기울어진 유리에 예각으로 충돌하기 때문에 직각 유리에 비해 충격이 적다고는 할 수 있지만, 다른 각도에서 바라볼 경우 여전히 위험할 수도 있다는 의견이다. 그러한 이유로 최근 해외 가이드라인에서는 기울어진 유리를 유리창 충돌 방지 방안으로 볼 수 없다고 안내하기도 한다.

유리를 기울어지게 사용한 국립생태원 에코리움

색유리를 외관에 사용한 박물관

불투명, 에칭유리, 색유리, 간유리나 유리블록 등도 조류 충돌을 막는데 탁월한 효과가 있다. 유리를 일부 부식시키거나 모래를 분사해 가는 등 다양한 방법으로 유리의 투명성과 반사성을 감소시킨 방식은 유리 전체에 적용할 수도 있고, 유리 일부에 패턴 형태로 넣을 수도 있다. 단, 패턴은 5×10 규칙을 따라야 한다. 색유리는 유리 전체에 동일한 색을 사용하게 되면 대조가 발생하지 않아 충돌 방지 효과를 기대하기 어렵다. 색유리를 이용한다면 스테인글라스처럼 이용하거나 패턴을 넣어 대조를 만들어야 충돌 방지 효과를 기대할 수 있다. 다양한 면적에 사용할 수 있는 유리블록도 조류 충돌을 막는 데 효과가 높다. 또 다른 유형의 자재로는 태양전지용 패널과 필름이 있는데, 투명한 방음판을 사용하지 않아도 되는 도로 방음벽에 이용하면 재생에너지 생산까지 기대할 수 있다.

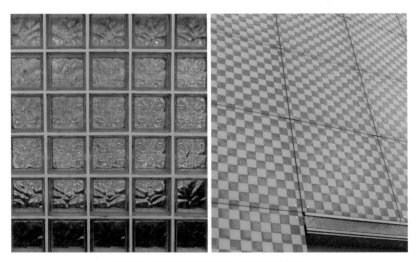

굴곡이 있는 유리블록(좌) / 패턴을 적용한 정호진 아트힐(우)

디자인적 요소가 가미된 조류 친화적 설계

새롭게 짓는 건축물은 유리 사용을 최소화하거나 유리를 효과적으로 가리는 것도 좋은 방법이다. 계획 단계에서부터 조류 친화적 설계를 염두에 둔다면 외관의 디자인적 요소로 조류 충돌 방지 효과까지 기대할 수 있다. 실제로 최근 건축물에 예술적 요소를 넣는 경우가 많은데, 대표적으로 2019년 문을 연 전태일기념관을 꼽을 수 있다. 기념관 전면 파사드facade에 전태일 열사의 편지글을 형상화한 구조물을 설치했는데, 이것은 조류 충돌을 예방하는 역할도 한다. 부여박물관도 건축물 외관에 연꽃무늬 수막새 문양의 구조물을 설치해, 부여의 상징성을 보여주는 심미적 효과뿐 아니라 조류 충돌도 방지할 수 있게 했다. 자연환경을 존중하는 건축가로 유명한 영국의 치퍼필드가 설계한 아모레퍼시픽 사옥 역시 혁신적인 디자인이 조류 충돌을 피하게 한다.

연꽃무늬 수막새 문양이 디자인된 부여박물관 외관

조류친화적 건축물 시카고 아쿠아빌딩

디자인적 요소가 가미된 동시에 조류 친화적으로 설계된 아모레퍼시픽 사옥의 외관

이처럼 건축가는 최신 건축 자재와 트렌드를 잘 알고 있을 뿐 아니라, 지역사회를 구성하는 건축의 방향성을 이끈다. 또한 건축 디자인에서 우선순위를 결정할 수 있는 영향력이 있다. 즉, 건축가는 신규 건축물을 조류 친화적으로 디자인하고, 조류에 위협적인 구조물을 제거하는 창의적 디자인을 선도하며, 기존 건물에는 새로운 구조물을 보강하는 기법으로 조류 충돌 저감에 큰 역할을 할 수 있다.

12장
새를 구하는 사람들

1, 2, 3, 4, 쿵! … 4.3초. 이 짧은 시간마다 날아가던 새가 유리창에 부딪혀 목숨을 잃고 있다는 사실. 누군가는 이 사실에 놀라고, 또 누군가는 안타까워하지만, 어떤 이들은 반드시 이걸 막아야겠다고 결심해 방법을 찾고 행동으로 옮긴다. 모든 생명은 소중하고, 그래서 작은 새 한 마리도 의미 없는 죽음을 당해서는 안 된다고 믿기 때문이다.

조류 충돌 사고를 방지할 수 있는 건축 양식을 연구하는 건축가, 조류 충돌 문제의 심각성을 다룬 환경 다큐멘터리 제작 프로듀서, 그리고 자신의 생활공간에서 야생조류 유리창 충돌을 조사하고 방지 운동을 펼치는 활동가들까지... 자신의 업무 영역에서 혹은 영역 밖에서 이 문제의 해결을 위해 노력하는 사람들의 이야기를 들어보았다. 그들은 왜 새를 구하고, 어떤 방법으로 행동하는 것일까.

건축도 자연의 일부입니다

건축사사무소 시인공간 **박병열 대표**

■ 먼저 건축가로서 현재 어떤 활동을 하고
□ 계시는지 간단한 소개 부탁드립니다.

저는 태양과 같은 자연 에너지만으로 살 수 있는 패시브하우스 건축 활성화를 위해 노력하고 있고, 사람이 사는 공간뿐 아니라 동물을 위한 건축, 식물이 자라는 공간에도 패시브하우스 기술을 접목하고자 다양한 실험을 계속하고 있습니다.

■ 조류 충돌에 대해 관심을 갖게 된 특별한
□ 이유나 계기가 있으신지요.

지속발전가능협의회의 연구 프로젝트 중 국립생태원 김영준 실장님을 사무실에 초대해, 직원들과 함께 강의를 들었던 적이 있습니다. 그때 건축가들이 무심코 디자인한 유리 커튼월 건물과 유리 난간으로 인해 매일 수만 마리의 새가 목숨을 잃는다는 사실을 알게 되었죠. 처음에는 실감이 나지 않는 수치였지만, 점점 자연과 공존하는 건축을 추구하는 사람 중 한 명으로서 새로운 관점을 갖게 됐습니다. 이후 건축물을 설계할 때마다 조류 충돌 문제를 반드시 점검하고 있습니다.

■ 이후 관련해서 어떤 활동을 하셨는지요.
우선 기회가 있을 때마다 주변의 많은 건축사들에게 조류 충돌 예방 디자인에 대한 이야기를 전하고 있습니다. 또 조류 충돌이 예상되는 건축물을 볼 때마다 주변을 살펴 죽은 새를 찾아보며 원인이 무엇인지 생각하는 습관이 생겼습니다.

■ 활동 내용 중 가장 기억에 남는 성과나
□ 에피소드가 있다면 무엇일까요?
흑두루미의 최대 월동지로 알려진 순천만 습지에는 유리 커튼월로 지어진 천문대가 있습니다. 그런데 이 건축물은 조류 충돌도 문제인데다 에너지 손실 면에서도 비효율적이거든요. 하지만 외부 수평 루버를 이용한다면 '에너지 절약과 조류 충돌 예방'이라는 두 마리 토끼를 잡을 수 있다는 판단이 들어서, 시각적 시뮬레이션과 PHPP 에너지 계산을 통해 간단한 연구를 진행했고, 순천만 국가정원에서 이 성과를 발표했습니다.

■ 건축의 심미성을 우선시하는
  분들도 있기에, 현장에서 느끼는
□ 어려움도 클 것 같습니다.
솔직히 건축주들에게는 자연과 공존하는 가치보다 경제성이나 심미성이 우선시 되는 게 현실입니다. 하지만 저는 '사람과 자연 모두에게 좋은 건축물은 분명 실현 가능하다'는 믿음이 그 간극을 좁힐 수 있다고 생각합니다. 비록 건축 과정에서 약간의 오해와 갈등도 있을 수 있겠지만, 생태건축으로 나아가는 여정에 큰 걸림돌이 되진 않습니다.

■ 건축주들은 조류 친화적 건축에 대해
  이야기하면 주로 어떤 반응을
□ 보이시나요?
거기까지는 미처 생각하지 못했다는 반응이지만, 자세히 설명하면 대부분 수긍을 하는 편입니다. 누구도 내 집 마당, 내 회사 앞에서 새의 사체를 마주하고 싶지는 않으니까요. 그때 새가 착각을 일으키지 않도록 건물의 유리 크기와 디자인을 변경하고, 유리 난간은 다른 방식으로 대체하도록 제안합니다.

■ 어떤 면에서 건축은 조류 충돌 문제 해결의 열쇠를 쥐고 있는데, 이를 위해 건축 분야에서 어떠한 노력이 □ 필요하다고 보시는지요.

우선 설계할 때 유리 커튼월 디자인을 지양하고, 창호 제작 시 유리의 반사율을 높이지 않아야 합니다. 상황에 따라 유리 외부에 열 차단용 블라인드를 설치하거나, 조류 충돌 방지 문양이 찍힌 유리를 적용할 수도 있겠죠. 무엇보다 건축사교육원에 전문 교육을 개설해 건축사들이 새의 충돌 원리를 이해하도록 돕는다면 다양한 충돌 방지 디자인이 고안될 것입니다. 아이디어 공모전도 가능하겠지요.

■ 앞으로 조류 친화적 건축과 관련해 □ 계획이 있다면 소개해주세요.

제가 살고 있는 마을은 산과 가까워 산새들이 집으로 자주 놀러 옵니다. 갇혀 있는 새가 아닌 이집 저집 놀러 다니는 새들을 보면 제 마음도 자유로워지죠. 마당 한 켠에 지어둔 나무 새집에서 올해는 다섯 마리의 박새가 태어나 산으로 날아가기도 했습니다. 이렇게 자연과 동화되는 느낌을 통해 삶의 행복지수가 높아질 수 있도록, 새집을 지어 '함께 살아가는 마을 만들기'에 힘써볼 계획입니다.

이 방송으로 단 한 마리의 새라도 살 수 있다면

KBS 환경스페셜 <조류 충돌, 유리창 살해사건> **김승욱 프로듀서**

■ 늘 환경 관련 아이템을 고민하시겠지만, 특별히 조류 충돌 문제에 관심을 갖게 된 □ 계기가 궁금합니다.

2020년 연말은 8년 만에 시즌제로 부활하는 '환경스페셜' 제작을 준비하느라 무척 바쁜 시기였습니다. 연일 아이템 회의로 분주하던 차에, 우연히 국립생태원에서 만든 팸플릿을 하나 보게 되었죠. "우리나라에서만 한 해에 800만 마리의 조류가 유리창 충돌로 죽는다"는 문구가 눈에 확 들어왔습니다. 800만 마리? 엄청난 수치에 뒤통수를 맞은 듯했습니다. 사실 확인을 위해 조류 충돌 전문가를 수소문했고, 어렵게 국립생태원 김영준 실장님과 연락이 닿았습니다. 그렇게 실장님의 도움으로 <조류 충돌, 유리창 살해사건>을 제작할 수 있었고요.

■ 프로그램 제작 과정에서 가장 인상 깊었 □ 던 일은 무엇이었을까요?

인간이 만든 거대한 구조물에 매일 새들이

부딪혀 죽는다는 것은, 사실 시청자들에게 매우 '불편한 진실'입니다. 2020년 12월 제보를 받고 부산 해운대의 한 고층 아파트를 찾았는데, 외벽이 유리로 된 아파트 화단에서 불과 30분 만에 여러 종류의 조류 사체를 발견할 수 있었습니다. 하지만 아파트 관리인이 발견 즉시 치우기 때문에 입주민들은 사체를 보기 힘들었던 거죠. 저 역시 그런 장면은 처음 봤고, 거대한 콘크리트와 투명 유리로 만든 보금자리가 한 생명체에게 죽음의 장벽이 될 수 있다는 사실을 직접 마주한 순간이라 기억에 남습니다. 싸늘하게 굳은 새 사체와 아파트 입주민의 일상이 대비되면서 인간의 무관심이 얼마나 잔인한 결과를 낳는지 깨닫게 된 것이죠.

■ 방송을 통해 시청자들에게 꼭 전달하고
□ 싶은 내용이 있었을 것 같습니다.

무엇보다 현재 벌어지고 있는 조류 유리창 충돌 사고의 정확한 실태를 보여주고 싶었습니다. 새의 시점에서 세상이 어떻게 보이고, 충돌이 어떻게 느껴지는가를 전달하기 위해 '레이싱 드론'에 카메라를 달아 사고 장면을 연출하기도 했지요. 비판할 대상을 찾기보다 '이 방송으로 단 한 마리의 새라도 살 수 있다면 그걸로 충분하다'는 마음으로 제작했습니다.

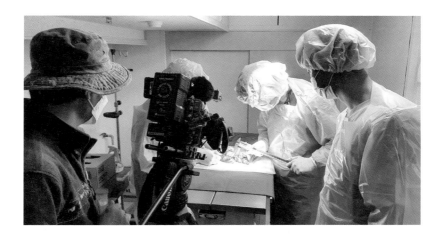

■ 방송 후 주변 분들이나
  시청자들의 반응은 어땠나요?
  아무래도 놀랍다, 가슴 아프다는 의견이
□ 많았을 것 같은데...

"정말 그렇게 많이 죽나요?" "왜 우리는 한 번도 보지 못했죠?"라는 반응이 가장 많았습니다. 하지만 충돌은 순간이고 평소 주변을 눈여겨보지 않는다면 죽거나 다친 새를 발견하기란 어렵죠. 대개 차를 타고 지나치는 도로 방음벽도 아래까지 살펴보기는 힘들잖아요. 그래도 많은 분들이 '조류 충돌 방지 스티커'에 관심을 보였고, 법을 신설해 부착을 의무화해야 한다는 의견도 주셨습니다. 특히 조류 충돌 방지 활동을 하시는 분들 중에는 우리 프로그램을 학생들 생태 교육 자료로 적극 활용하는 분도 계셨고요.

■ 프로그램이 방송된 지 2년 반이 지났는데,
  그동안 개인적으로 겪은 변화가
  있으신지... 또 우리 사회가 이 문제에
□ 관해 변화된 부분이 있다고 느끼시나요?

방송 이후 저도 아파트 화단이나 도로를 지날 때면, 떨어진 새가 없는지 유심히 살펴보게 되었습니다. 커다란 투명 유리창이 보이면 충돌 방지 스티커가 붙어 있는지 확인하게 되고요. 참, 방송 후 경기도의회에서 조류 충돌 예방을 목적으로 하는 조례가 통과되었다는 반가운 소식을 들었습니다. 요즘 지방 출장을 다니다 보면 충돌 방지 스티커가 자주 보이고, 제가 사는 동네 공원 유리벽에도 부착되어 있어서 사회 변화를 위해 노력해 주신 분들께 감사한 마음을 갖고 있습니다.

■ 프로그램 말미에 유예은 PD님의 참여로 지역사회 조류 충돌 문제를 주민들과 함께 예방하는 모습을 담은 '지구에 조금 더 오래 사는 법'이 인상적이었습니다. 특별히 이렇게 구성하신 의도가 □ 있으신가요?

환경스페셜은 KBS 내에서 관심을 많이 받는 프로그램이지만, 그 명성에 비해 PD 지원자는 적습니다. 자연 다큐멘터리는 제작 기간이 길고, 출장이 잦고, 노력에 비해 결과물이 바로 나타나지 않으니까요. 연출자 입장에서도 사실 50분의 러닝 타임은 부담스럽습니다. 또 짧은 영상에 익숙해진 시청자의 패턴도 고려해서 40분은 시사 환경 다큐 형식으로 제작하고, 나머지 10분은 시청자가 보기 편하고 이해가 쉽도록 생활밀착형으로 제작한 것이죠. 팀의 막내인 유예은 PD가 구성과 촬영, 편집까지 도맡았는데, 이 영상에 대한 반응이 매우 좋았습니다.

■ 현재 기획 중이거나 제작 중인 프로그램은 무엇이고, 앞으로 꼭 제작하고 싶은 주제가 있다면 □ 이야기해주세요.

환경스페셜은 2021년에 42편, 2022년에 11편을 방송했는데, 올해는 4편만 방송됩니다. 기후나 환경에 대한 관심은 높은데, 방송 편수는 오히려 줄어드네요. 예산과 시간이 많이 투입된다는 이유로 자연 다큐멘터리가 점차 설 자리를 잃어가니 안타까운 마음입니다. 현재 저는 환경스페셜 <천사의 눈> 촬영을 마치고 편집 중인데, 아마 2023년 말이나 2024년 초에 KBS 1TV를 통해 방송될 것 같습니다. 강원도 오대산에 1,004대의 무인카메라를 설치해 동물을 관찰하는 프로그램으로, 그동안 쉽게 보지 못한 멸종위기종 '담비'를 중심으로 다양한 동물들의 생태를 보여주고자 합니다. 내년에는 국립생태원과 협업을 통해 생태계 복원을 주제로 생태계 보존에 헌신하는 사람들의 이야기를 담아보고 싶습니다.

탐조 동아리 활동이 충돌 방지 활동으로 이어지다

이화여대 윈도우 스트라이크 모니터링 **김윤전 팀장**

학교 캠퍼스 내 유리 건물에 충돌해 죽은 울새와 진홍가슴

"탐조 동아리 활동을 하면서 새들이 학교 건물 유리창에 부딪혀 죽는 사실은 알고 있었지만, 정작 직접 죽은 새를 마주한 적은 없었어요. 그런데 새로 생긴 유리 건물을 살펴보니 정말 새가 죽어 있더라고요. 기록을 남겨 건의하면 이를 바꿀 수 있지 않을까란 생각에 조사를 시작했습니다."

그렇게 언젠가부터 탐조와 조류 충돌 조사를 함께 하고 있다는 김윤전 팀장은, 조사와 제보를 통해 지금까지 교내에서만 300개체가 넘는 피해 기록을 확인했다.

"문제의 심각성을 깨달은 뒤 건축물에 대한 규제나 미적 기준이 중요하다는 생각이 들었어요. 그래서 관련 조례나 건축 심의 기준 마련을 제안하고, 사회적 인식 확산을 위해 강연, 저감 스티커 부착 행사를 진행했죠."

함께 하는 사람들과 해결 방법을 찾고 애쓴 덕분에 교내 건물 한 면에 저감 조치가 시공되었고, 2021년 10월에는 서울시 야생생물 보호 및 관리에 관한 조례도 제정되었다.

"언젠가 어린 오목눈이 6마리가 한꺼번에 건물 유리창에 부딪혀 쓰러진 모습을 본 게 기억에 남아요. 이제 막 둥지를 벗어난 어린 친구들이 더 이상 세상에서 날갯짓을 하지 못한다는 것이 안타까웠습니다."

김윤전 팀장은 아직 더 많은 이들의 관심과 노력이 필요하다고 생각한다. 제도가 생기고 있음에도 뜬금없이 세워지는 투명 방음벽, 저감 조치가 되어 있었지만 어느 날 깨끗한 유리로 바뀐 건물 유리창... 많은 변화가 이루어졌지만, 보다 많은 생명들과 공존할 수 있는 세상이 되려면 말이다.

어느 날 문득, 새소리가 들리지 않는다는 깨달음

하남시 버드세이버 자원봉사자 **전인태 씨**

하남시미사강변종합사회복지관 건물의 저감 조치 활동

2019년 경기도 자원봉사센터의 버드세이버 교육을 통해 조류 유리창 충돌 문제를 처음 접했다는 전인태 씨. 당시에는 '생각보다 많은 새가 죽고 있구나' 정도로만 여겼다고 한다.

"어느 날 가족들과 외출을 했는데, 막내딸이 건물 외벽에 충돌해 죽은 검은지빠귀를 발견했어요. 그때 교육 내용이 떠올랐죠. 그러고 보니 어느 순간 내 주위에 날아다니는 새가 별로 없다는 생각이 들었어요. 어릴 적 자주 보던 참새도 잘 안 보이고요."

전인태 씨는 조류 충돌 문제를 널리 알리기 위해 강의 자료를 만들어 중·고등학생들에게 교육을 실시하고, 학생들과 함께 모니터링 자원봉사 활동을 시작했다.

"2021년 초 자원봉사 청소년들과 모니터링을 하던 중 투명 방음벽에 충돌한 흰뺨검둥오리를 발견했어요. 다행히 죽지 않아서 야생조류 구조 단체에 인계한 후 한 달 뒤 건강해진 녀석을 호수에 방생했던 일이 기억에 남네요."

전 씨가 참여한 크고 작은 활동 덕분에 2021년 경기도에 조류 충돌 관련 조례가 제정되었고, 2022년 하남시에도 조례가 만들어졌다. 하지만 여전히 공공 구조물에 저감 조치를 하려면 유관기관 협의, 다양한 행정 절차 등을 거쳐야 하기에, 버드세이버 활동과 홍보 노력은 아직 가야 할 길이 멀다.

"지금 당장 인간의 편리함 때문에 투명 유리를 방치한다면, 머지않아 우리는 박물관에 박제된 새만 봐야 할 거예요. 그렇게 놔둘 순 없지 않을까요?"

조류 사체 수거보다 힘들었던 사람들의 무관심

수원시 야생조류 유리창 충돌 시민 조사자 **은수희 씨**

아파트 방음벽에 충돌하여 폐사한 조류 사체를 기록하는
은수희 씨

"2018년 4월인가? 친구네 전원주택 유리
창에 부딪혀 죽은 참매를 본 게 처음이었어
요. 세상에, 이건 정말 말도 안 되는 죽음이
다 싶었죠. 황당하고 억울하게 죽은 새들을
보니 안타깝기도 하고, 미안하기도 하고...
어떻게든 이 죽음을 알려야겠다는 생각이
들었습니다."

그 뒤 설마 하는 마음에 찾아보기 시작한
거주지 주변의 방음벽에서 생각보다 많은
사체를 발견했고, 문제의 심각성이 피부로
느껴졌다는 은수희 씨. 그녀는 거주지 주변
에서 조금씩 반경을 넓혀 한 달에 한 번씩
정기적으로 조사 후 기록을 남겼고, 누적된

자료를 바탕으로 구조물의 소관 지자체에
민원을 신청하거나 아파트 관리실에 관련
대책을 요청했다.

"솔직히 귀찮을 때도 있었죠. 하지만 내가
찾지 않으면 방음벽 밑에서 의미 없이 죽
어 사라질 새들이 떠올라 발길을 돌릴 수
가 없더라고요. 개인적으로는 죽은 새들
의 사체를 수거해서 처리하는 것보다 이
사고에 무관심한 사회와 사람들을 마주하
는 게 더 힘들었어요."

그래도 민원 신청 후 저감 스티커가 부착되
거나 1년간 저감 사후 모니터링을 하며 충돌
흔적이 현저히 줄어드는 것을 체감할 때 보
람을 느끼게 된다고.

"그래도 내가 지치지 않고 조사한 결과 많
은 새를 살렸다는 뿌듯함, 또 지자체에 관련
조례가 제정되는 변화의 모습들이 오늘도
제게 힘이 되는 것 같아요. 앞으로는 공공
건축물뿐만 아니라, 민간 건축물에도 충돌
저감 방안이 꼭 의무화되길 바랍니다."

사람들의 무관심한 일상 너머 쉽게 죽어가는 새들

국립생태원 허수안 전문위원

한 장소에서 동시다발적으로 발견되었던 콩새 사체

친구의 학교에서 유리창 충돌로 죽은 청딱다구리 사체를 본 뒤, 자신의 학교에서도 충돌 흔적을 찾기 시작했다는 허수안 위원. 사소한 관심에서 시작된 그녀의 행동은 이후 31마리의 콩새가 6개월 동안 같은 자리에서 충돌로 죽음을 맞는 끔찍한 장면들을 목격하게 했다. 결국 이 문제를 근본적으로 해결하지 않으면 새들은 계속 죽어나갈 것이라는 생각에, 허수안 위원은 본격적으로 조류 충돌 조사와 저감 활동에 참여하게 되었다.

우선 페이스북을 통해 조류 충돌 문제를 적극 알렸고, 교내 방음벽의 절반은 필름 제작 업체의 지원으로, 나머지 절반은 환경부 사업 공모에 지원해 충돌 방지 테이프를 부착했다. 또 경기도 자원봉사센터에서 조류 충돌 관련 경험을 발표하고 영상을 제작해 같은 활동을 하는 분들을 돕기도 했다.

"이유도 모른 채 너무 쉽게 죽는 새들을 한 마리라도 줄여 보자고 시작한 활동인데, 여전히 죽어 있는 새를 볼 때마다 충격이 가시질 않네요."

조류 사체만큼은 아무리 자주 보아도 결코 익숙해지지 않는다는 허수안 위원. 그녀는 여전히 조류 충돌에 관심 없는 태도로 부정적인 말만 하는 사람들의 인식이 바뀌는 그날까지 모니터링 활동을 이어갈 생각이다.

살리기 위해 죽음을 찾는 아이러니

야생조류 충돌 방지 활동 모임 '새::닷' **권은정 대표**

투명 방음벽 충돌 흔적을 기록하는 권은정 대표

"처음에는 모른 척 외면하고 싶었어요. 다른 환경 전문가나 시민 활동가들이 노력하고 있으니 나까지 나설 필요는 없지 않을까 생각했죠."

야생조류 유리창 충돌 문제를 처음 접했을 당시 권은정 대표의 심정이다. 권 대표는 2016년부터 생업에 종사하면서 반려동물 번식장 폐쇄, 동물보호법 개정 같은 다른 보호 활동을 이미 많이 하고 있었다. 하지만 2023년 4월, 거주하던 아파트에서 유리창 충돌로 죽은 박새 사체를 발견한 뒤로는 더 이상 이 문제를 외면하지 못하고 조류 충돌 모니터링을 시작하게 되었다.

그렇게 '딱 3년만 해 보자'는 생각으로 시작한 활동이건만 이제는 주변 지인들까지 동원해 모니터링을 독려하고, 강원도 양양군에 관련 예산 마련을 건의하는 등 누구보다 적극적으로 조류 충돌 방지 활동에 임하는 중이라고.

"출·퇴근길이나 휴일에 틈을 내서 모니터링 활동을 하는데, 관련 기관에서 의외로 조류 충돌 문제에 공감해 줄 때 굉장히 힘이 됩니다. 그동안 수많은 시민들이 모니터링에 참여하고 활동해 준 덕분이겠죠."

지난 시간 새들의 처참한 죽음을 방치했다는 죄책감에 괴로웠다는 권은정 대표는 앞으로 강원도 내 조례 제정을 위한 정책 지원 활동을 계획 중이라고 밝혔다.

누구나 할 수 있는, 공존을 위한 작은 배려

경기도 자원봉사센터 **박선자 팀장**

경기도 자원봉사센터 야생조류 유리창 충돌 저감 활동

아는 만큼 보인다는 말처럼, 경기도 자원봉사센터에서 근무하는 박선자 팀장도 처음에는 조류 충돌 문제에 대해 잘 알지 못해 큰 관심이 없었다. 그런데 2018년 경기도청(구)의 신·구관을 연결하는 투명 유리창 통로에 새들이 부딪혀 죽는다는 민원을 계기로, 기사 검색을 통해 매해 엄청난 수의 조류가 유리창 충돌 때문에 죽는다는 사실을 알게 되었다. 박 팀장은 곧장 누구나 참여할 수 있는 사회문제 해결형 봉사활동을 계획해 시작했다.

"일상에서 조류 충돌로 인한 사체를 찾기가 쉽지 않을 거라고 생각했는데, 저의 착각이

었어요. 2019년 하남지역 조사자를 찾아갔다가 아주 가까이에서 실상을 목격하게 되었죠. 이후 저도 한 명의 조사자로 이 활동에 적극 참여하게 되었습니다."

여름에는 부패한 사체에서 냄새가 심하고 벌레가 생겨 수습이 힘들고, 수풀이 우거진 곳은 손으로 헤쳐가며 찾아야 하는 어려움이 있다. 하지만 조류 친화적 방음벽이 설치될 때마다 그간의 고생을 잊고 보람을 느끼게 된다는 박선자 팀장.

"생명을 살리는 일에 아주 작은 관심만 있다면 누구나 참여할 수 있고, 함께하는 사람이 많아질수록 이 문제가 더 빨리 해결될 거라고 믿습니다."라는 말을 전한다.

새가 유리에 부딪혀 죽거나 다치지 않는 내일이 오려면...

광주 동물권 단체 '성난비건' 유휘경 대표 활동가

"조류 충돌 문제를 처음 접한 건, KBS에서 방영된 <조류 충돌, 유리창 살해사건>이었어요. 일부 지역의 문제를 전국적인 문제로 확대시킨 것 아닐까라는 의심이 있었죠."

하지만 방송 시청 후 두 달이 지났을 쯤, 친구와 드라이브를 하다가 방음벽 아래 크고 작은 새들이 죽어 있는 모습을 목격하게 됐다는 유휘경 대표. 이후 플로깅할 때나 강의를 마치고 나올 때도 조류 사체가 지속적으로 눈에 띄어, 이 문제에 관심이 있는 시민 몇 분, 성난비건 활동가와 함께 아파트 방음벽 주변 조사를 시작했다. 이렇게 죽음을 목격하는 순간이 늘어날수록 더 이상

이 문제를 나만 알고 있어서는 안 되겠다는 생각에, 보도 자료를 작성하고 사진을 선별해 지역 언론사에 알렸다. 때로는 죽은 새가 불쌍하다며 눈물을 훔치는 사람들에게 국립생태원의 리플릿을 쥐어주었고, 좀 더 확실한 방법이 필요하다는 판단이 들어 민원을 넣기도 했다. 더 죽으면 생각해보겠다는 답변은 실망스러웠지만, 한편 오기에 가깝도록 더욱 의지를 다지게 했다. 하루 10곳의 방음벽을 조사할 정도로 열심인 그녀에게 사람들은 왜 이렇게까지 열심이냐고 묻는다고.

"거창한 이유는 없어요. 다만 유리에 부딪혀 죽는 새들을 그냥 지나칠 수 없고, 저감할 방법이 있는데 모른 척 할 수 없을 뿐이죠"

지쳐서 포기하게 되지 않으려면 속도를 조절해야 한다는 국립생태원 김영준 실장님의 조언을 마음에 품고, 오늘도 내가 할 수 있는 작은 일을 한다는 유휘경 대표는 꿈꾼다. 새들도 안전하게 살 수 있는 멋진 도시를...

생명을 살리는 데 주저하지 않은 시민분들과 네이처링에
감사의 마음을 전하며

'야생조류와 유리창 충돌'은 전국 각지 유리창이 있는 곳이라면 어디든 발생할 수 있는 문제입니다. 그리고 언제, 어디에서, 얼마나 많은 생명이 꺼져가는지 '인식'하는 것은 이 문제를 해결하는 데 가장 중요한 출발점입니다.

물론 생명의 꺼짐을 '인식'하는 것은 누구에게나 버거운 일입니다. 이를 마주하는 것은 두려운 일이기도 합니다. 그럼에도 불구하고 죽은 새와 죽어가는 새를 두 눈과 두 손으로 마주하고, 알리기 위해 힘써준 수많은 시민분들이 있었습니다.

새를 죽음으로 이끈 유리창 위에 시민분들의 손끝으로 찍은 한 점 한 점은, 다양한 색채의 무늬를 이뤄 새의 죽음을 방지하고 있습니다. 또 이 점들은 마치 씨앗처럼 흩어져 나가 꽃을 피우듯 사방으로 퍼져나가고 있습니다.

이러한 시민분들의 용기와 행동이 조직을 움직이고 제도를 바꿨습니다. 그러나 여전히 이 세상에는 너무나 많은 허들이 있습니다. 앞으로도 수많은 생명을 살리는 가장 중요한 해결의 실마리는 시민분들의 눈과 손일 것입니다.

마지막으로, 조류 충돌 문제에 관심을 갖는 독자분들에게 감사드리며, 이 책에 쓰인 문장들이 단 한 마리의 생명이라도 더 구하길 진심으로 바랍니다. 특히 이 책에는 살리고자 죽음을 마주한 시민분들과 이 마주침의 기록에 큰 도움을 주신 '네이처링'에 감사의 마음을 담았습니다.

저자 **진세림**

©김영준, 조성식

에코가이드『야생조류 유리창 충돌』을 마치며

유리창과 투명 방음벽을 들이받고 죽은 새들을 볼 때마다 이런 생각이 들었습니다. 차라리 저 새가 돌멩이나 토마토였다면, 저렇게 의미 없이 죽어 한낱 구더기 밥이 되진 않았을 텐데...

야생조류 유리창 충돌은 최근 우리에게 제기된 이슈지만, 해외에서는 이미 1970년대부터 관련 문제를 제기해 왔습니다. 방음벽 아래 하릴없이 떨어진 새들을 그동안 우리가 몰랐던 것처럼, 우리나라도 뒤늦게 이 문제의 심각성을 알았습니다.

다만 우리나라에서는 국민들의 적극적인 참여로 세계적으로도 유례없는 수준의 자료를 모으고 있으며, 조류 충돌을 줄여보겠다고 전국에서 다양한 활동을 펼치고 있습니다. 영상으로, 소설로, 시로, 만화로, 예술 작품과 대중 강연 등으로 우리를 만나고 있습니다.

이러한 활동은 입법에도 영향을 주어 마침내 2021년 '방음시설의 성능 및 설치기준' 변경과 함께, 2022년 공공시설의 조류 충돌 예방과 저감을 규정한 '야생생물 보호 및 관리에 관한 법률' 개정에 이르게 되었지요.

하지만 법률을 바꿨다고 해서 끝난 게 아닙니다. 아직도 우리 곁에는 730만 채의 건물이, 수천 km에 이르는 투명 방음벽이 여전히 덫으로 도사리고 있기 때문이지요. 그래도 한 땀 한 땀 수를 놓듯, 우리가 이 문제를 해결하기 위해 움직이다 보면 세상은 새들에게, 그리고 인간에게도 좀 더 안전한 공간이 될 것이라 믿어 의심치 않습니다.

국립생태원 동물관리연구실장 **김영준**

색인

야생생물 보호 및 관리에 관한 법률

(약칭: 야생생물법)

[시행 2023. 6. 11.] [법률 제18908호, 2022. 6.10., 일부 개정]

환경부(생물다양성과-멸종위기야생생물, 서식지외보전기관, 야생생물보호구역) 044-201-7253
환경부(생물다양성과-국제적멸종위기종) 044-201-7244
환경부(생물다양성과-야생동물 질병관리) 044-201-7253
환경부(생물다양성과-멸종위기 야생생물 외 야생생물 등 기타) 044-201-7243
환경부(생물다양성과-야생 동물피해보상, 유해 야생동물 포획, 수렵 관리) 044-201-7248

제2장 야생생물의 보호 <개정 2011. 7. 28.>

제1절 총칙 <개정 2011. 7. 28.>

제8조의2(인공구조물로 인한 야생동물의 피해 방지)

① 국가기관, 지방자치단체 및 「공공기관의 운영에 관한 법률」 제4조에 따라 지정된 공공기관(이하 "공공기관등"이라 한다)은 건축물, 방음벽, 수로 등 인공구조물(이하 "인공구조물"이라 한다)로 인한 충돌·추락 등의 야생동물 피해가 최소화될 수 있도록 소관 인공구조물을 설치·관리하여야 한다.

② 환경부장관은 인공구조물로 인한 충돌·추락 등의 야생동물 피해에 관한 실태조사를 실시할 수 있다. 이 경우 환경부장관은 공공기관등의 장에게 실태조사에 필요한 자료의 제출 등 협조를 요청할 수 있으며, 요청을 받은 자는 특별한 사유가 없으면 이에 따라야 한다.

③ 환경부장관은 인공구조물로 인한 충돌·추락 등의 야생동물 피해가 심각하다고 인정하는 경우 공공기관등의 장에게 소관 인공구조물에 대하여 충돌방지제품의 사용 등 야생동물 피해를 방지하기 위한 조치를 하도록 요청할 수 있으며, 요청을 받은 자는 특별한 사유가 없으면 이에 따라야 한다.

④ 국가는 제3항에 따른 조치를 이행하는 데 필요한 비용의 전부 또는 일부를 지원할 수 있다.

⑤ 인공구조물의 범위 및 설치기준, 제2항에 따른 실태조사의 대상·주기 및 방법 등 그 밖에 필요한 사항은 환경부령으로 정한다.

[본조신설 2022. 6. 10.]

부칙 <제19088호, 2022. 12. 13.>

제1조(시행일) 이 법은 공포 후 3년이 경과한 날부터 시행한다. 다만, 제6조의2, 제6조의3, 제8조의3, 제8조의4, 제11조, 제13조제1항, 제21조제1항제2호다목·라목, 제69조제1항제17호 및 제73조제3항 제2호의 개정규정은 공포 후 1년이 경과한 날부터 시행하고, 제14조제1항제2호, 제19조제1항제2호 및 제19조제4항제8호의 개정규정은 공포한 날부터 시행한다.

제2조(멸종위기 야생생물에 대한 보전대책에 관한 적용례) 제13조제1항의 개정규정은 이 법 시행 이후 최초로 수립되는 멸종위기 야생생물에 대한 중장기 보전대책부터 적용한다.

제3조(야생동물 전시행위 금지 적용에 관한 경과조치)

① 제8조의3 및 제69조제1항제17호의 개정규정의 공포 당시 종전의 「동물원 및 수족관의 관리에 관한 법률」 제3조에 따른 동물원 또는 수족관으로 등록하지 아니한 시설에서 살아있는 야생동물을 전시하고 있는 자가 같은 개정규정의 시행일 전까지 전시 시설 소재지, 보유동물의 종, 개체수 등 현황을 명시하여 전시 시설 소재지가 속한 시·도지사에게 신고한 경우에는 같은 개정규정에도 불구하고 같은 개정규정 시행 후 4년 동안 신고한 보유동물에 한정하여 살아있는 야생동물을 전시할 수 있다. 이 경우 「동물원 및 수족관의 관리에 관한 법률」 제15조제1항제4호의 금지행위를 하여서는 아니 된다.

② 제1항 후단을 위반한 자에게는 500만원 이하의 과태료를 부과하며, 과태료 부과·징수에 관한 사항은 제73조제4항을 준용한다.

제4조(지정관리 야생동물의 보관 등에 관한 경과조치)

① 제22조의4 및 제70조제8호의3의 개정규정의 시행 당시 제22조의4제1항의 개정규정에 따라 양도·양수·보관이 금지되는 지정관리 야생동물을 보관하고 있는 자가 제22조의4 및 제70조제8호의3의 개정규정의 시행일부터 6개월 이내에 환경부령으로 정하는 바에 따라 해당 야생동물의 보관·관리 방법을 시장·군수·구청장에게 신고한 경우에는 같은 개정규정에도 불구하고 해당 야생동물이 폐사할 때까지 보관하거나 야생동물 위탁관리업자에게 위탁하여 관리하는 등 환경부령으로 정하는 바에 따라 처리할 수 있다.

② 제1항에 따라 지정관리 야생동물을 보관하는 자는 해당 야생동물을 인공증식하여서는 아니 되고, 해당 야생동물이 폐사한 경우 폐사한 날부터 30일 이내에 환경부령으로 정하는 바에 따라 시장·군수·구청장에게 신고하여야 한다.

③ 제2항을 위반하여 인공증식한 자 또는 허위로 폐사신고를 한 자는 1년 이하의 징역 또는 1천만 원 이하의 벌금에 처한다.

④ 제2항을 위반하여 폐사신고를 하지 아니한 자에게는 100만원 이하의 과태료를 부과하며, 과태료 부과·징수에 관한 사항은 제73조제4항을 준용한다.

야생생물 보호 및 관리에 관한 법률 시행규칙

[시행 2023. 6. 11.] [환경부령 제1039호, 2023. 6. 9., 일부개정]

제7조의2(인공구조물의 범위 및 설치기준)

① 법 제8조의2제1항에 따라 국가기관, 지방자치단체 및 「공공기관의 운영에 관한 법률」제4조에 따라 지정된 공공기관(이하 "공공기관 등"이라 한다)이 충돌·추락 등의 야생동물 피해가 최소화될 수 있도록 설치·관리해야 하는 인공구조물(이하 "인공구조물"이라 한다)의 범위는 다음 각 호와 같다.

1. 야생동물이 충돌할 수 있는 인공구조물: 투명하거나 빛이 전(全)반사되는 자재를 사용하여 야생동물의 충돌 피해를 유발하는 건축물, 방음벽, 유리벽 등의 인공구조물

2. 야생동물이 추락할 수 있는 인공구조물: 구조와 자재 등으로 인해 야생동물의 추락 피해를 유발하는 건축물, 수로 등의 인공구조물

② 공공기관 등은 제1항제1호에 따른 인공구조물을 설치하는 경우에는 투명하거나 빛이 전반사되는 자재에 다음 각 호의 어느 하나에 해당하는 무늬를 적용해야 한다.

1. 선형(線形) 무늬

    가. 가로무늬: 굵기는 3mm 이상이고, 상하간격이 5cm 이하여야 한다.

    나. 세로무늬: 굵기는 6mm 이상이고, 좌우간격이 10cm 이하여야 한다.

2. 그 밖의 무늬(비정형 또는 기하학적 무늬를 포함한다): 무늬의 직경은 6mm 이상이고 무늬 사이의 공간은 50cm² 이하여야 하며, 무늬의 상하간격은 5cm 이하이고 좌우간격은 10cm 이하여야 한다.

③ 공공기관 등은 제1항제2호에 따른 인공구조물을 설치하는 경우에는 다음 각 호의 시설 중 하나 이상의 시설을 설치해야 한다.

1. 탈출시설: 야생동물이 인공구조물 내부에서 외부로 탈출할 수 있도록 하는 시설

2. 횡단이동시설: 야생동물이 인공구조물에서 추락하지 않고 횡단할 수 있도록 하는 시설

3. 회피유도시설: 야생동물이 인공구조물에서 추락하는 것을 방지하거나 횡단이동을 유도하는 구조를 갖춘 시설

4. 그 밖에 환경부장관이 야생동물의 추락을 방지하는 효과가 있다고 인정하는 시설

④ 공공기관 등은 인공구조물을 설치하는 경우에는 야생동물의 충돌·추락 등의 야생동물 피해가 최소화될 수 있는 위치에 적합하게 설치해야 한다.

[본조신설 2023. 6. 9.]

제7조의3(야생동물 충돌·추락 피해 실태조사의 대상·주기 및 방법)

① 환경부장관은 법 제8조의2제2항에 따른 인공구조물로 인한 충돌·추락 등의 야생동물 피해에 관한 실태조사(이하 "야생동물 충돌·추락 피해 실태조사"라 한다)를 실시하기 위하여 매년 계획을

수립하고 이에 따라 야생동물 충돌·추락 피해 실태조사를 실시해야 한다.

② 환경부장관은 자연생태 보전을 위한 보호지역 또는 구역에 설치된 인공구조물에 대해 야생동물 충돌·추락 피해 실태조사를 우선적으로 실시할 수 있다.

③ 야생동물 충돌·추락 피해 실태조사의 방법은 별표 3의3과 같다.

야생생물 보호 및 관리에 관한 법률 시행규칙

[별표 3의3] <신설 2023. 6. 9.>

야생동물 충돌·추락 실태조사 방법(제7조의3제3항 관련)

1. 조사 항목

조사원은 야생동물 충돌·추락 실태조사 시 다음 각 목의 사항을 조사한다.

가. 부상을 입거나 고립된 야생동물 또는 사체(뼈, 털·깃털, 가죽, 허물 등 사체의 일부를 포함한다. 이하 같다)

나. 인공구조물 상 충돌 흔적 또는 추락 흔적(발자국 등을 포함한다)

다. 위험요인

2. 조사 방법

조사원은 야생동물 충돌·추락 실태조사 시 다음 각 목의 조사 방법을 따라야 한다.

가. 조사 대상 지역 내의 인공구조물 혹은 지점을 선정하고 야생동물의 종류에 따라 충돌·추락을 판단할 수 있는 기간과 범위를 정하여 조사한다.

나. 조사 대상 인공구조물 내부 또는 주위를 탐색하여 조사 항목을 확인한다.

다. 도보 및 육안 탐색을 기본으로 하며, 필요에 따라 쌍안경, 망원카메라 또는 무인감지카메라 등을 활용한다.

라. 최소 2인 1조로 조사한다.

마. 조사 시작 시각과 종료 시각에 위치 정보를 확보할 수 있는 사진 촬영기기로 조사 대상 인공구조물을 촬영하여 기록한다.

바. 조사 항목을 발견한 경우 위치 정보를 확보할 수 있는 사진 촬영기기를 활용하여 이를 촬영하고 기록한다.

사. 사진 촬영 시 동물의 종류를 구분하기 쉽도록 촬영해야 한다.

아. 청소원·경비원 등 관리자가 있는 인공구조물의 경우 해당 관리자에게 조사당일 피해 기록에 대한 탐문조사를 실시하고 이를 기록한다. 자. 중복 기록을 방지하기 위해 조사 시 확인한 야생동물의 사체를 현장에서 제거하거나 관리기관에 신고한다.

3. 조사 결과 관리
조사원은 야생동물 충돌·추락 실태조사 시 다음 각 목의 정보를 기록해야 한다.
가. 조사자 정보
나. 조사 일시
다. 조사 대상 인공구조물 정보
라. 조사 항목 정보(식별 가능한 야생동물 또는 사체의 종명(種名)과 개체수를 포함한다)
마. 위치 정보
바. 그 밖에 필요한 정보

4. 조사 결과 확인
조사기관은 조사원이 기록한 정보 중 적합하다고 확인된 정보만 활용해야 하며, 필요한 경우 추가 현장조사를 실시할 수 있다.

5. 공공기관 등의 협조
조사원은 현장조사 시 관계 공공기관등의 장에게 다음 각 목의 협조를 받아 조사를 실시한다.
가. 관할 출입제한구역의 출입
나. 법 제8조의2제1항에 따라 공공기관 등이 야생동물의 충돌·추락 방지를 위해 조치한 인공구조물의 설치·관리 현황
다. 형태, 위험요인 등 인공구조물 관련 자료
라. 청소원·경비원 등 인공구조물 관리자에 대한 탐문조사
마. 그 밖에 조사를 위해 필요한 자료의 제공

6. 안전수칙
조사원은 야생동물 충돌·추락 실태조사 시 다음 각 목의 안전수칙을 준수해야 한다.
가. 차도 등 보행자 도로가 아닌 도로에 노출되는 경우에는 경찰 등의 협조를 요청한 후 안전하게 조사한다.
나. 안전조끼, 마스크 등의 안전장비를 착용한다.
다. 부상을 입거나 고립된 야생동물을 구조하거나 사체를 수거하는 경우 질병 감염 등을 예방하기 위해 라텍스 장갑, 집게 등을 활용해야 하며, 야생동물 또는 사체를 직접 만지지 않는다.

Avery, M.L., P.F. Springer and J.F. Cassel, 1977. Weather influences on nocturnal bird mortality at a North Dakota tower. *Wilson Bulletin 89(2):291-299.*

Avery, M.L., P.F. Springer and N. S. Daily, 1978. Avian mortality at man-made structures, an annotated bibliography. Fish and Wildlife Service, U.S. Dept. of the Interior: Washington, D.C. 108 pp.

Bayne, Erin M., Corey A. Scobie and Michael Rawson, 2012. Factors influencing the annual risk of bird–window collisions at residential structures in Alberta, Canada. *Wildlife Research* http://dx.doi.org/10.1071/WR11179

Bhagavatula, Partha S., Charles Claudianos, Michael R. Ibbotson and Mandyam V. Srinivasan, 2011. Optic Flow Cues Guide Flight in Birds. Current *Biology* 21:1794-1799.

Blem, C.R. and B.A. Willis. 1998. Seasonal variation of human-caused mortality of birds in the Richmond area. *Raven* 69(1):3-8.

Bolshakov, Casimir V., Michael V. Vorotkov, Alexandra Y. Sinelschikova, Victor N. Bulyuk and Martin Griffiths, 2010. Application of the Optical Electronic Device for the study of specific aspects of nocturnal passerine migration. *Avian Ecol. Behav.* 18: 23-51.

Bolshakov, Casimir V., Victor N. Bulyuk, Alexandra Y. Sinelschikova and Michael V. Vorotkov, 2013. Influence of the vertical light beam on numbers and flight trajectories of night-migrating songbirds. *Avian Ecol. Behav.* 24: 35-49.

Bulyuk, Victor N., Casimir V. Bolshakov, Alexandra Y. Sinelschikova and Michael V. Vorotkov, 2014. Does the reaction of nocturnally migrating songbirds to the local light source depend on backlighting of the sky? *Avian Ecol. Behav.* 25:21-26.

Codoner, N.A. 1995. Mortality of Connecticut birds on roads and at buildings. *Connecticut Warbler* 15(3):89-98.

Collins and Horn, 2008. Bird-window collisions and factors influencing their frequency at Millikin University in Decatur, Illinois. *Transactions of the Illinois State Academy of Science* 101(supplement):50.

Crawford, R.L, 1981a. Bird kills at a lighted manmade structure: often on nights close to a full moon. *American Birds* (35):913-914.

Crawford, R.L, 1981b. Weather, migration and autumn bird kills at a North Florida TV tower. *Wilson Bulletin*, 93(2):189-195.

Cuthill, I.C., J.C. Partridge, A.T.D. Bennett, C.D. Church, N.S. Hart and S. Hunt, 2000. Ultraviolet vision in birds. *Advances in the Study of Behavior* 29:159-215.

Davila, A.F., G. Fleissner, M. Winklhofer and N. Petersen, 2003. A new model for a magnetoreceptor in homing pigeons based on interacting clusters of superparamagnetic magnetite. *Physics and Chemistry of the Earth*, Parts A/B/C 28: 647-652.

Dunn, E.H. 1993. Bird mortality from striking residential windows in winter. *Journal of Field Ornithology* 64(3):302-309.

D'Eath, R.B., 1998. Can video images imitate real stimuli in animal behaviour experiments? *Biological Review* 73(3):267–292.

Elbin, Susan, 2015. 미발표 자료

Evans, W.R., Y. Akashi, N.S. Altman, A.M. Manville II, 2007. Response of night-migrating songbirds in cloud to colored and flashing light. *North American Birds* 60, 476-488.

Evans, W.R., 2011 미발표 자료

Evans, J.E., I.C. and A.T. Cuthill, D. Bennett, 2006. The effect of flicker from fluorescent lights on mate choice in captive birds. *Animal Behaviour* 72:393-400.

Evans-Ogden, 2002. Effect of Light Reduction on Collision of Migratory Birds. Special Report for the Fatal Light Awareness Program (FLAP).

Fink, L.C. and T.W. French. 1971. Birds in downtown Atlanta—Fall, 1970. *Oriole* 36(2):13-20.

Fleissner, G., E. Holtkamp-Rötzler, M. Hanzlik, M. Winklhofer, G. Fleissner, N. Petersen and W. Wiltschko, 2003. Ultrastructural analysis of a putative magnetoreceptor in the beak of homing pigeons. *The Journal of Comparative Neurology* 458(4):350-360.

Fleissner, G., B. Stahl, P. Thalau, G. Falkenberg and G. Fleissner, 2007. A novel concept of Femineral-based magnetoreception: histological and physicochemical data from the upper beak of homing pigeons. *Naturwissenschaften* 94(8): 631-642.

Gauthreaux, S.A. and C.G. Belser, 2006. Effects of Artificial Night Light on Migrating Birds in Rich, C. and T. Longcore, eds, 2006. *Ecological Consequences of Artificial Night Lighting*. Island Press. Washington, DC. 259 pp.

Gauthreaux, Sidney A. Jr. and Carroll G. Belser, 2006. Effects of Artificial Night Lighting on Migrating Birds in Ecological Consequences of Artificial Night Lighting, Catherine Rich and Travis Longcore eds. Island Press, Washington, D.C. 458 pages.

Gehring, J., P. Kerlinger, and A.M. Manville. 2009. Communication towers, lights, and birds: successful methods of reducing the frequency of avian collisions.

Ecological Applications 19:505–514.

Gelb, Y. and N. Delacretaz. 2006. Avian window strike mortality at an urban office building. *Kingbird* 56(3):190-198.

Ghim, Mimi M., and William J. Hodos, 2006. Spatial contrast sensitivity of birds. *J Comp Physiol A* 192: 523–534

Gochfeld, M., 1973. Confused nocturnal behavior of a flock of migrating yellow wagtails. *Condor* 75(2):252-253.

Greenwood, V., E.L. Smith, A.R. Goldsmith, I.C. Cuthill, L.H. Crisp, M.B.W. Swan and A.T.D. Bennett, 2004. Does the flicker frequency of fluorescent lighting affect the welfare of captive European starlings? *Applied Animal Behaviour Science* 86: 145-159.

Hager, S.B., H. Trudell, K.J. McKay, S.M. Crandall, L. Mayer. 2008. Bird density and mortality at windows. *Wilson Journal of Ornithology* 120(3):550-564.

Hager, Stephen B., 2009. Human-related threats to urban raptors. J. *Raptor Res.* 43(3):210–226.

Hager SB, Cosentino BJ, McKay KJ, Monson C, Zuurdeeg W, Blevins B (2013) Window Area and Development Drive Spatial Variation in Bird-Window Collisions in an Urban Landscape. *PLoS ONE 8(1): e53371.* https://doi.org/10.1371/journal.pone.0053371

Hager S.B., Craig M.E. (2014). Bird-window collisions in the summer breeding season. *Peer J* 2: e460 https://dx.doi.org/10.7717/peerj.460

Haupt, H. and U. Schillemeit, 2011. Skybeamer und Gebäudeanstrahlungen bringen Zugvögel vom Kurs ab: Neue Untersuchungen und eine rechtliche Bewertung dieser Lichtanlagen. NuL 43 (6), 2011, 165-170.(Search/spot Lights and Building Lighting Divert Migratory Birds Off Course: New investigations and a legal evaluation of these lighting systems)

Herbert, A.D., 1970. Spatial Disorientation in Birds. *Wilson Bulletin* 82(4):400-419.

Jones, J. and C. M. Francis, 2003. The effects of light characteristics on avian mortality at lighthouses. *Journal of Avian Biology* 34: 328–333.

Kahle LQ, Flannery ME, Dumbacher JP (2016) Bird-Window Collisions at a West-Coast Urban Park Museum: Analyses of Bird Biology and Window Attributes from Golden Gate Park, San Francisco. *PLoS ONE* 11(1): e0144600. https://doi.org/10.1371/journal.pone.0144600

Kerlinger, P., 2009. How Birds Migrate, second edition, revisions by Ingrid Johnson. Stackpole Books, Mechanicsville, PA. 230 pp.

Klem, D., Jr., 1990. Collisions between birds and windows: Mortality and prevention. *Journal of Field Ornithology* 61(1):120-128.

Klem, D., Jr., 1989. Bird-window collisions. *Wilson Bulletin* 101(4):606-620.

Klem, D., Jr., 1991. Glass and bird kills: An overview and suggested planning and design methods of preventing a fatal hazard. Pp. 99-104 in L. W. Adams and D. L. Leedy (Eds.), Wildlife Conservation in Metropolitan Environments. Natl. Inst. Urban Wildl. Symp. Ser. 2, Columbia, MD.

Klem, Daniel Jr., and Peter G. Saenger, 2013. Evaluating the Effectiveness of Select Visual Signals to Prevent Bird-window Collisions. *The Wilson Journal of Ornithology* 125(2):406–41. Download at: http://www.bioone.org/doi/full/10.1676/12-106.1

Klem, D. Jr., D.C. Keck, K.L. Marty, A.J. Miller Ball, E.E. Niciu, C.T. Platt. 2004. Effects of window angling, feeder placement, and scavengers on avian mortality at plate glass. *Wilson Bulletin* 116(1):69-73.

Klem, D. Jr., C.J. Farmer, N. Delacretaz, Y. Gelb and P.G. Saenger, 2009a. Architectural and Landscape Risk Factors Associated with Bird-Glass Collisions in an Urban Environment. *Wilson Journal of Ornithology* 121(1):126-134.

Klem, D. Jr., 2009. Preventing Bird-Window Collisions. *Wilson Journal of Ornithology* 121(2):314–321.

Laskey, A., 1960. Bird migration casualties and weather conditions, Autumns 1958, 1959, 1960. *The Migrant* 31(4): 61-65.

Lebbin, Daniel J., Michael J. Parr and George H. Fenwick, 2010. *The American Bird Conservancy Guide to Bird Conservation.* University of Chicago Press, Chicago. 447 pages.

Longcore, Travis, Catherine Rich, Pierre Mineau, Beau MacDonald, Daniel G. Bert, Lauren M. Sullivan, Erin Mutrie, Sidney A. Gauthreaux Jr, Michael L. Avery, Robert L. Crawford, Albert M. Manville II, Emilie R. Travis and David Drake, 2012. An estimate of avian mortality at communication towers in the United States and Canada.

Longcore, Travis, Catherine Rich, Pierre Mineau, Beau MacDonald, Daniel G. Bert, Lauren M. Sullivan, Erin Mutrie, Sidney A. Gauthreaux Jr., Michael L. Avery, Robert L. Crawford, Albert M. Manville II, Emilie R. Travis, and David Drake, 2013. Avian mortality at communication towers in the United States and Canada: which species, how many, and where? *Biological Conservation* 158:410–419.

Loss, Scott R., Tom Will and Peter P. Marra, 2012. Direct human-caused mortality of birds: improving quantification of magnitude and assessment of population impact. *Frontiers in Ecology and the Environment,* September, Vol. 10, No. 7: 357-364

Loss, Scott R., Tom Will, Sara S. Loss and Peter P. Marra, 2014. Bird–building collisions in the United States: Estimates of annual mortality and species vulnerability. *Condor* 116:8-23.

Loss, S.R., Loss, S.S., Will, T., Marra, P.P. 2014. Best practices for data collection in studies of bird-window collisions. Available at http://abcbirds.org/?p=10399

Machtans, Craig S., Christopher H.R. Wedeles and Erin M. Bayne, 2013. A First Estimate for Canada of the Number of Birds Killed by Colliding with Building Windows. *Avian Conservation and Ecology* 8(2): 6. http://dx.doi.org/10.5751/ACE-00568-080206

Muheim, R., J.B. Phillips and S. Akesson, 2006. Polarized Light Cues Underlie Compass Calibration in Migratory Songbirds. *Science* 313 no. 5788 pp. 837-839.

Muheim, R., 2011. Behavioural and physiological mechanisms of polarized light sensitivity in birds. *Philos Trans R Soc Lond B Biol Sci.* 2011 Mar 12; 366(1565): 763–771. doi: 10.1098/rstb.2010.0196

Marquenie, J., and F.J.T. van de Laar, 2004. Protecting migrating birds from offshore production. Shell E&P Newsletter: January issue.

Marquenie, J.M., M. Donners, H. Poot and Steckel, 2013. Adapting the Spectral Composition of Artificial Lighting to Safeguard the Environment. *Industry Applications Magazine,* IEEE 19(2):56-62.

Mouritsen, H., 2015. Magnetoreception in Birds and Its Use for Long-Distance Migration. Pp. 113-133 in *Sturkie's Avian Physiology,* sixth edition, Colin G. Scanes ed. Academic Press, Waltham, MA, 1028 pp.

Newton, I., 2007. Weather-related mass-mortality events in migrants. *Ibis* 149:453-467.

Newton, I., I. Wyllie, and L. Dale, 1999. Trends in the numbers and mortality patterns of Sparrowhawks (*Accipiter nisus*) and Kestrels (*Falco tinnunculus*) in Britain, as revealed by carcass analyses. J*ournal of Zoology* 248:139-147.

Ödeen and Håstad, 2003. Complex Distribution of Avian Color Vision Systems Revealed by Sequencing the SWS1 Opsin from *Total DNA. Mol. Biol. Evol.* 20(6):855–861. 2003.

Ödeen and Håstad, 2013. The Phylogenetic Distribution of Ultraviolet Vision in Birds *BMC Evolutionary Biology* 2013, 13:36. https://doi.org/10.1186/1471-2148-13-36

Håstad O, Ödeen A. (2014) A vision physiological estimation of ultraviolet window marking visibility to birds. *PeerJ* 2:e621 https://doi.org/10.7717/peerj.621

O'Connell, T. J. 2001. Avian window strike mortality at a suburban office park. *Raven* 72(2):141-149.

Parkins, Kaitlyn L, Susan B. Elbin and Elle Barnes, 2015. Light, Glass, and Bird–building Collisions in an Urban Park. *Northeastern Naturalist* 22(1): 84-94. http://dx.doi.org/10.1656/045.022.0113

Poot, H., B.J. Ens, H. de Vries, M.A.H. Donners, M.R. Wernand, and J. M. Marquenie, 2008. Green light for nocturnally migrating birds. *Ecology and Society* 13(2): 47.

Rappli,, R., R. Wiltschko, P. Weindler, P. Berthold, and W. Wiltschko, 2000. Orientation behavior of Garden Warblers (Sylvia borin) under monochromatic light of various wavelengths. *The Auk* 117(1):256-260.

Rich, C. and T. Longcore, eds, 2006. *Ecological Consequences of Artificial Night Lighting.* Island Press. Washington, DC.

Richardson, W.J., 1978. Timing and amount of bird migration in relation to weather: a review. *Oikos* 30:224-272.

Rössler and Zuna-Kratky, 2004 Vermeidung von Vogelanprall an Glasflächen. Experimentelle Versuche zur Wirksamkeit verschiedener Glas-Markierungen bei Wildvögeln. Bilogische Station Hohenau-Ringelsdorf [available for download from www.windowcollisions.info].

Rössler, M. and T. Zuna-Kratky. 2004. Avoidance of bird impacts on glass: Experimental investigation, with wild birds, of the effectiveness of different patterns applied to glass. Hohenau-Ringelsdorf Biological Station, unpublished report. (English translation: available from ABC.)

Rössler, 2005. Vermeidung von Vogelanprall an Glasflächen. Weitere Experimente mit 9 Markierungstypen im unbeleuchteten Versuchstunnel. Wiener Umweltanwaltschaft. Bilogische Station Hohenau-Ringelsdorf (available for download from www.windowcollisions.info).

Rössler, M. 2005. Avoidance of bird impact at glass areas: Further experiments with nine marking types in the unlighted tunnel. Hohenau-Ringelsdorf Biological Station, unpublished report. (English translation available from ABC.)

Rössler, M., W. Laube, and P. Weihs. 2007. Investigations of the effectiveness of patterns on glass, on avoidance of bird strikes, under natural light conditions in Flight Tunnel II. Hohenau-Ringelsdorf Biological Station, unpublished report. (English translation available for download from www.windowcollisions.info)

Rössler, M. and W. Laube. 2008. Vermeidung von Vogelanprall an Glasflächen. Farben, Glasdekorfolie, getöntes Plexiglas: 12 weitere Experimente im Flugtunnel II. Bilogische Station Hohenau-Ringelsdorf (available for download at www.windowcollisions.info).

Rössler M. and W. Laube. 2008. Avoidance of bird impacts on glass. Colors, decorative window film, and noise-damping plexiglass: Twelve further experiments in flight tunnel II. Hohenau-Ringelsdorf Biological Station, unpublished report. (English translation available from ABC.)

Rössler, M., 2010. Vermeidung von Vogelanprall an Glasflächen: Schwarze Punkte, Schwarz-orange

Markierungen, Eckelt 4Bird®, Evonik Soundstop®, XT BirdGuard. (available for download from www.windowcollisions.info).

Russell, K., 2009. 미발표 자료

Russell, Keith, 2015. Conversation on August 13.

Russell, R.W. 2005. Interactions between migrating birds and offshore oil and gas platforms in the northern Gulf of Mexico: Final Report. U.S. Dept. of the Interior, Minerals Management Service, Gulf of Mexico OCS Region, New Orleans, LA. OCS Study MMS 2005-009. 348 pp. www.data.boem.gov/PI/PDFImages/ESPIS/2/2955.pdf

Schiffner, Ingo, Hong, D Vo, Panna S. Bhagavatula and Mandyam V Srinivasan, 2014. Minding the gap: in-flight body awareness in birds. *Frontiers in Zoology* 2014, 11:64 http://www.frontiersinzoology.com/content/11/1/64

Sealy, S.G.,1985. Analysis of a sample of Tennessee Warblers window-killed during spring migration in Manitoba. *North American Bird Bander* 10(4):121-124.

Snyder, L.L., 1946. "Tunnel fliers" and window fatalities. *Condor* 48(6):278.

Thomas, Robert J., Tamas Szekely, Innes C. Cuthill, David G. C. Harper, Stuart E. Newson, Tim D. Frayling and Paul D. Wallis, 2002. Eye size in birds and the timing of song at dawn. *Proc. R. Soc. Lond. B* (2002) 269, 831-837. DOI 10.1098/rspb.2001.1941

Van De Laar, F.J.T., 2007. Green Light to Birds, Investigation into the Effect of Bird-friendly Lighting. Nederlandse Aardolie Maatschappij, *The Netherlands.* 24pp.

Varela, F.J., A.G. Palacios and T.H. Goldsmith, 1993. Color vision of birds. In *Vision, Brain, and Behavior in Birds,* H. P. Zeigler and H. Bischof eds., chapter 5.

Weir, R.D.,1976. Annotated bibliography of bird kills

at man-made obstacles: a review of the state of the art and solutions. Department of Fisheries and the Environment, Canadian Wildlife Service, Ontario Region, 1976.

Wiese, Francis K., W.A. Montevecchi, G.K. Davoren, F. Huettman, A.W. Diamond and J. Linke, 2001. Seabirds at Risk around Off-shore Oil Platforms in the North-west Atlantic. *Marine Pollution Bulletin* 42(12):1285-1290.

Wiltschko, W., R. Wiltschko and U. Munro, 2000. Light-dependent magnetoreception in birds: the effect of intensity of 565-nm green light. *Naturwissenschaften* 87:366-369.

Wiltschko, W.,U. Monro, H. Ford and R. Wiltschko, 2003. Magnetic orientation in birds: non-compass responses under monochromatic light of increased intensity. *Proc. R. Soc. Lond.* B:270, 2133–2140.

Wiltschko, W.,U. Monro, H. Ford and R. Wiltschko, 2006. Bird navigation: what type of information does the magnetite-based receptor provide? *Proc. R. Soc. B* 22 November 2006 vol. 273 no. 1603 2815-2820.

Wiltschko, W. and R. Wiltschko, 2007. Magnetoreception in birds: two receptors for two different tasks. *J. Ornithology* 148, Supplement 1:61-76.

Wiltschko, R., K. Stapput, H. Bischof and W.Wiltschko, 2007. Light-dependent magnetoreception in birds: increasing intensity of monochromatic light changes the nature of the response. *Frontiers in Zoology* 2007 4:5. doi: 10.1186/1742-9994-4-5

Wiltschko, R., U. Monro, H. Ford, K. Stapput and W. Wiltschko, 2008. Light-dependent magnetoreception: orientation behaviour of migratory birds under dim red light. The *Journal of Experimental Biology* 211, 3344-3350.

Wiltschko, R. and W. Wiltschko, 2009. Avian Navigation. *The Auk* 126(4):717–743.

Martin Rössler, Wilfried Doppler, Roman Furrer, Heiko Haupt, Hans Schmid, Anne Schneider, Klemens Steiof, Claudia Wegworth, 2022. Vogelfreundliches Bauen mit Glas und Licht.

게리 우베저(Gary A. Wobeser). 2017. 『야생동물의 질병』. 국립생태원

데이비드 쾀멘(David Quammen). 2012. 『도도의 노래』, 김영사

올린 슈월 페팅길 주니어(Olin Sewall pettingill, Jr.). 2000. 『조류학』. 아카데미서적

티모시 비틀리(Timothy Beatley). 2022. 『도시를 바꾸는 새』. 원더박스

환경부. 2018. 인공구조물에 의한 야생조류 폐사방지 대책수립

환경부. 2019. 야생조류 투명창 충돌 저감 가이드라인

환경부. 2019. 투명방음벽에 야생조류 충돌 방지테이프 부착 시범사업

환경부. 2021. 조류충돌 방지제품 평가방안 및 제품기준 연구